U0347993

华大博雅·艺术设计系列教材

丛书编委会

编委会主任：尹继鸣

编　　　委：（按姓氏笔画排序）

方　兴　庄　黎　李中华　吴红梅

金　波　周　成　郑　达　袁朝晖

章慧珍　傅晓彪　魏　勇

华大博雅

艺术设计系列教材

总主编 尹继鸣

PRINCIPLES OF SPACE

DESIGN

空间设计原理

主　编：魏　勇　李中华

副主编：李晶涛　唐　文

　　　　金永日　张　茜

　　　　黄　兵　吴晓红

　　　　邵照坡

华中师范大学出版社

新出图证(鄂)10 号

图书在版编目(CIP)数据

空间设计原理 / 魏勇,李中华主编.—武汉:华中师范大学出版社,
2014.8(2021.6 重印)

(华大博雅·艺术设计系列教材)

ISBN 978-7-5622- 6066-0

Ⅰ.① 空…   Ⅱ.① 魏…   Ⅲ.① 空间—建筑设计—教材
Ⅳ. ①TU206

中国版本图书馆 CIP 数据核字(2013)第 089681 号

空间设计原理

ⓒ 魏　勇　李中华　主编

责任编辑:向　力	责任校对:王　炜
封面设计:尹施奇	封面制作:新视点
编 辑 室:高等教育分社	电　　话:027-67867364
出版发行:华中师范大学出版社有限责任公司	
社　　址:湖北省武汉市珞喻路 152 号	
电　　话:027-67863280(发行部)	
传　　真:027-67863291	
网　　址:http://press.ccnu.edu.cn	电子邮箱:hscbs@public.wh.hb.cn
印　　刷:武汉中远印务有限公司	督　　印:刘　敏
字　　数:180 千字	
开　　本:787 mm×1092 mm　1/16	印　　张:9.25
版　　次:2014 年 8 月第 1 版	印　　次:2021 年 6 月第 2 次印刷
定　　价:59.50 元	

总序

　　教材是体现教学内容和教学方法的知识载体,是高等教育重要的学术内容之一。

　　今天,我国的艺术设计教育正面临着前所未有的发展机遇,全国千余所学校纷纷开办了艺术设计专业。鉴于社会对该领域人才需求的持续增长和人才标准多元化趋势的要求,如何加快培养更多符合社会急需的优秀设计人才,就成了摆在艺术设计教育工作者面前的重要课题。

　　针对这一现状,我们进行了认真的分析和探索,深入地研究了当前应用型艺术设计专业本科的办学模式、课程体系和教学方法,力图推出一系列切合当前艺术教育改革需要的高质量、高标准的优秀教材,以促进应用型本科教育办学体制和运作机制的改革。

　　与此同时,我们组织了一批身处艺术设计教学第一线的专家、教授,以他们多年的教学经验、较高的学术积累和严谨的治学精神,编撰完成了《色彩设计原理》、《平面设计原理》、《空间设计原理》、《游戏艺术设计基础》、《标志设计》、《书籍设计》等艺术设计系列教材。该系列教材从我国高等艺术设计教育的现状出发,立足实际教学,着眼行业发展,正确地把握了当前课程体系的改革方向,注重理论与实践的紧密结合,力求最大限度地提高学习者的理论水平和实践能力。教材的具体内容涵盖了专业知识、专业技能和现代设计理念;案例的选择兼顾了经典性与时代感,满足了艺术设计各门类专业方向的公共性与侧重点的需求;编写的理念重在加强对学生的艺术表现能力、审美判断能力和创造性思维能力的培养。

　　艺术设计专业项目课程改革在全国迅速推广的今天,我们积极响应并责无旁贷。本套教材以项目课程教学为主要编写方向,着眼国内外最新的信息与观念,突出地强化了项目课程的实训环节。同时,更在教材编撰的形式上进行了尝试性的改革,借以直观明晰的教材架构,最大限度地帮助学生掌握学习方法、明确学习方向、达到学习目的,呈现出"教"与"学"的互动特色,增强教材学习的生动性和实效性。

　　第一,每本教材的第一章明确而全面地介绍该门课程的设置状况,包括课程概述、教学目的、内容安排,课程教学方法、教学手段以及相应的考核标准等。这些内容提纲挈领地呈现了该门课程的核心内容、学习方法以及拟达到的目标。

　　第二,各单本教材中,每个章节的开篇均设置独立页面,言简意赅地阐释该章节的课程概述、教学目标和章节重点，以方便学生清晰、明确地掌握该章节的具体学习内容。

第三，每本教材的每个章节之后附有思考题、项目训练、实训标准等，尤其设置了相关课程之外的建议活动。这些建议活动包括对一流学术网站的推介访问、学科关键词的网络搜索、精典设计案例的观摩欣赏等。以寓教于乐的互动学习方式，拓宽资讯渠道，提高学习兴趣。

这里，我们试图将庞大的教学系统纳入有序的教学体系之中，强化知识单元的归属和教学秩序的稳定，将全书的知识点从理论到实践，进行有序地连接，使其富于明确的引导性与适用性。

一套教材在构思、撰写、编辑和出版发行的过程中，势必会有前瞻性、知识性、引导性、实用性等众多方面的要求，其难度可想而知。但我们相信，教材的完成只是一种过程的记录，它只意味着一种改革与尝试的开始，而不是终结。我们迫切地希望它能在未来的教学实践中得以不断地丰富和完善。

需要特别指出的是，为达到更好的教学效果，本系列教材使用了大量的图片及文字资料。本着尊重版权所有者劳动成果的原则，编写者耗费了大量的精力和时间将其中的版权信息完善。但由于精力和能力有限，其中难免有些疏漏，如版权所有者看到本教材，请您与我们联系，我们将奉上薄酬并呈送相关样书为敬。

该系列教材将陆续与广大读者见面，倘若它能给读者些许的帮助与启示，将是我们莫大的安慰。

最后，向曾经关心和帮助本套教材出版工作的老师和朋友们致以衷心的感谢与敬意。尤其要感谢出版社的老师们所做的无私奉献和艰苦努力。因能力所限，本套教材一定会存有不少缺点和差错，衷心希望广大同仁、专家给予批评、指正，以便我们在重印或再版中不断修正与完善。

尹继鸣

2014 年夏于桂子山

目录

第一章
空间设计原理
课程设置

一、空间设计原理课程概述

当今设计在走向高度分化的同时,也在走向高度的综合。现实设计中我们发现单一的设计概念已无法阐释其全部内涵,需一种更为多维包容的术语来加以指代,于是具有多元性、综合性的"空间设计"概念应运而生。空间设计一词存在已久,随着时代的发展,空间设计的概念将会不断在传统概念的基础上拓展升华。

空间设计是非常宽泛和包容性较强的概念,它可以包含与空间造型相关设计的全部内容,甚至更广,它是研究空间结构和内部关系的一门综合性学科,在实用上它强调功能性,在审美上它强调艺术性,它包括建筑设计、景观设计、园林设计、展示设计、室内设计、陈设艺术设计、舞台设计等设计学科的学术范畴(图1-1)。

图1-1 各类空间设计

对空间设计的认知首先需对"空间"有一个明晰的认识。空间设计的实质是基于空间存在的空间形态设计，空间形态需占据一定空间的物质存在，同时必须要有使形态得以容纳的周围空间。空间概念具有相对性，既是无限的也是有限的，空间与空间形态互为表现，空间并非虚无而被动，没有足够的空间，空间形态无法被容纳，没有一定的空间形态限制和参照，空间只是一个无限的宇宙时空概念，也很难被感知。

从设计的角度来看，空间使空间形态得以容纳，同时自身也具有一定的形态意义，能被感知的空间形态被视为"正形"，由空间形态分离出的空间则视为"负形"。老子曰："埏埴以为器，当其无，有器之用；凿户牖以为室，当其无，有室之用。是故有之以为利，无之以为用。"即是说拿泥土塑造出的器物，这器物的本质便不再是泥土，形成了"无"的可用空间，以作盛物之器具使用，同样以实体构筑虚体的"无"之空间，构成了居住的室内环境。老子的"利"与"用"之关系，充分说明空间与形体间的共生关系。

空间可分为内部空间、外部空间、灰空间。内部空间指被空间形态各界面包围的内空间。它是由"地面"、"立面"、"顶面"所限定的，这三种基本要素可看成是限定空间的"实体"部分，而由这些实体的"内壁"围合而成的"虚空"部分，则是构筑物的内部空间（图1–2、图1–3）。

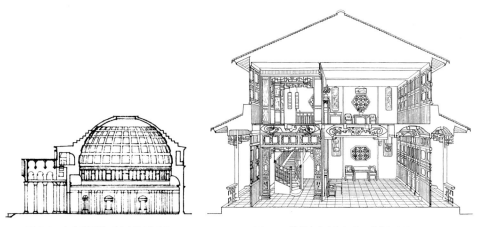

图1-2　意大利罗马万神庙纵剖面图　　　　图1-3　苏州寒山寺枫江第一楼剖面透视图

外空间指构筑物之外的空间，外部空间是相对于内部空间而言的，如果说构筑物实体的"内壁"围合而成的"虚空"部分形成了它的内部空间，那么构筑物实体的"外壁"与周边环境共同组合而成的"虚空"部分，则形成了构筑物的外部空间（图1–4）。外部空间围裹着构筑物实体，具有明朗的视觉效果，但因受形体的限制较小，因而空间感不如内空间富有变化。

内部空间由地面、立面、顶面三要素所限定,外部空间由地面、外立面两个要素所限定,而灰空间则可认为是由地面与顶面两个要素所限定。"灰空间"概念是由日本建筑师黑川纪章提出,他在《日本的灰调子文化》一文中谈道:"作为室内与室外之间的一个插入空间,介于内与外的第三域……因有顶盖可算是内部空间,但又开敞故又是外部空间的一部分。"在中国古典建筑中的回廊空间、亭台空间都是此类的空间形式,灰空间具有半室内、半室外的空间属性。由于灰空间的存在,通过它的连接、过渡、铺垫的作用,打破了内部空间与外部空间的界限,使两种不同性质的空间走向融合(图1-5)。

图1-4　隐藏建筑设计

图1-5　苏州拙政园梧竹幽居亭

空间设计原理则是研究空间形态造型基本规律的基础理论，它是空间设计工作者必须掌握的基本理论。它对其造型要素（形态、材质、结构、色形）进行理性的科学分析，并研究如何将这些要素按照一定的形式美法则合理整合，创造出具有形式美感的空间造型方法。它是在二维造型规律基础上的进一步理论提升，其理论对空间造型相关设计，如建筑设计、景观设计、园林设计、展示空间设计、室内设计、陈设艺术设计、舞台设计等设计门类具有基础性的理论指导意义。

二、空间设计原理课程教学目的

通过本课程的学习，使学生掌握空间设计的思维方法，通过分析、分解空间造型要素，研究空间造型要素之间的关系，研究人和空间形态的关系，培养学生对空间形态的理解和把握，让学生学会如何运用空间造型的基本元素，按照形态构成的规律和形式美法则去组合出不同的空间造型，探索各种组合的可能性，此外在材质和形态的结合上展开深入而广泛的研究，将其规律融入设计的案例中，以指导设计实践。

三、空间设计原理课程教学目标

1. 知识目标
理解和把握空间设计的基本概念和基础理论知识。

2. 能力目标
着重培养学生的三维空间感和形态的表现力，合理设计空间，掌握空间形态的形式美法则。

3. 训练目标
探讨造型设计中的审美因素及设计师所应具备的空间结构技术意识，要求学生能在艺术科学理论的层面理解形态的本质，将造型的研究推向专业高度。有助于从基础理论向设计创作实践的递进,构筑起基础理论和设计之间的桥梁。

4. 试验目标

从一般侧重于技法训练转为培养立体空间感觉和表现技能并重,以提高审美的感知能力。以审美角度为出发点,结合形态结构技术,将空间设计原理融入设计案例,有助于从基础理论向设计创作实践的递进,构筑起基础理论和设计之间的桥梁。

5. 综合目标

注重对空间设计合理性、功能性、科学性、审美性的综合训练,有效处理形态与形态之间的联系,创造符合时代审美特点的空间艺术形态。

四、空间设计原理课程教学内容

在内容安排上涵括了空间设计教学的重要基础理论,包括空间的基本概念与相关要素,空间设计的形式美法则,空间的功能、结构与类型,空间组织与界面设计,人体工程学,环境心理学与空间设计,空间的材质表述,空间的色彩与光效,空间设计的程序与方法共九章内容。

五、空间设计原理课程进度

空间设计原理课程以空间造型的创作训练为主线,以设计专题的形式加以展开,着重于学生对空间形态理解力的培养和训练,充分调动形象思维和逻辑思维,并将其结合,拓展设计思维,分析形态的本质,挖掘材质工艺和功能造型的可能。在教学的逻辑结构上充分把握课堂教学的衔接性,所设练习均按课堂教学的需要,依照知识的结构,随时跟进;明确限定的练习形式和目的,使得教与学层次分明,提高整个学习的效率;对学生的设计方案进行必要的点评与修改,使各种典型问题和学生作业阶段的瓶颈问题能够得到改良;注重结合时代审美趋势强调方法论与设计案例的结合。

六、空间设计原理课程教学方法与手段

1. 对空间理论知识进行课堂讲授。

2. 对空间设计案例进行多媒体评析。

空间设计是一门应用性学科,因此在学习过程强调理论联系实际,注重设计方法在具体空间中的应用,特别是通过对大量的优秀空间设计案例的考察与图文分析,是掌握空间设计原理的有效途径。

3. 对空间设计实训进行课堂辅导。

4. 适时组织专题辩论。

七、作业要求与考核标准

1. 作业要求

认真完成各章节之后的"建议活动"及"课题练习"。

2. 考核标准

(1) 空间组合练习:30%

(2) 空间创意:20%

(3) 作业整体效果:40%

(4) 学习态度:10%

第二章
空间设计的形态要素

章节概述

形态通常指物体的形状状态，作为空间设计中的形态是设计思维表达的载体，它是承载着人的审美情趣和情感的视觉造型，也是空间设计中最基本的要素，更是空间设计所凭借的基础。然而，无论多么复杂的形态都是由基本的点、线、面、体组成的。因此只有掌握了空间设计中的基本形态和基本结构，了解其构成原则，才能掌握它们在空间中完美组合的规律。

教学目的

通过本章的学习，深入理解点、线、面、体这些空间设计的基本形态的特性，掌握它们的多种组合方式并灵活应用于具体的设计实践中。

章节重点

线要素、面要素。

第一节 点要素

点是空间中相对小的形态,因此,须将它所处的空间环境进行对比来加以界定,如某一单体建筑在广场上是一个硕大的体块,但相对于整个城市版图却是一"点"的概念。空间中的点不一定都是圆的,它可以是球体、立方体、椎体、复合形体或者不规则形体。不同的形状的点代表不同的造型语言,在空间中的作用也有所区别。

一、点的特性

点的体量变化,能够使空间形态具有节奏和韵律感,如点由小到大、由实到虚、渐变等方式排列,能够丰富空间的变化,增强空间的层次,起到扩大空间的效果(图 2-1)。

图 2-1 点的体量变化

点的位置设置的越近越容易产生集聚、结实的效果,点的放置越远,则越容易产生疏松、轻盈、跳动的效果(图 2-2、图 2-3)。点在空间的位置设定方式上,沿同一方向,且排列相近,能产生连续和间断的节奏以及线形的扩散效果(图 2-4)。沿着高、宽两个方向或高、宽、纵三个方向,较近距离设置的点易产生面或体的感觉(图2-5)。

图2-2 点的疏密变化

图2-3 点分散排列的效果

图2-4 点形成的线

图2-5 点形成的面

二、点在空间设计中的运用

点在空间中的作用有两种,一种是聚集视线,即当点位于空间中相对中心的位置时,它能使视觉具有稳定性,产生紧缩空间的感觉(图2-6)。第二种是分割面或者空间,即当点的位置在空间中上下移动时,会使人产生跌落感,此时人的视线会随着点移动的轨迹延伸出看不见的线,这种由点移动所产生的界线能够起到分割空间的作用(图2-7)。

点在空间中的排列方式一般可以概括为:

散点式排列,以任意的方式设置点在空间中的位置,使得空间具有疏密变化,活泼而有节奏感(图2-8)。

螺旋式排列,让点沿着曲线的轨迹分布能够使空间产生韵律感和动感(图 2-9)。

点阵式排列,在空间中使点等距排列,能够产生有强烈的秩序感(图 2-10)。

图 2-6　点的聚集作用

图 2-7　点的分割作用

图 2-8　点的散点排列

图 2-9　点的螺旋排列

图 2-10　点的点阵排列

第二节　线要素

线是点运动的轨迹,线比点更具情感因素,且形态丰富而多样,概括起来它包含直线、曲线两大类。

一、直线与曲线

直线具有平衡的作用,具有较强的力度感,以直线为主所构成的空间,简洁、理性,给人鲜明的视觉感知(图 2-11)。

在直线中,又分为垂直线、水平线和斜线。垂直线具有严肃、庄重、坚定、刚劲、挺拔、积极向上的视觉语义;水平线具有安全、平和、静寂、平稳、延展、宽阔等性格(图 2-12)。斜线具有动势,使人产生不稳定的感受,有飞跃、向上或冲刺前进的运动感(图 2-13)。折线则给人焦虑、紧张,不安全的感觉(图 2-14)。此外,直线的粗细也给人不同的视觉感受,粗直线,表现力强,厚重、粗犷,细直线有清秀、敏锐、玲巧之感(图 2-15)。

图 2-11 直线构成的空间

图 2-12 垂直线、水平线构成的空间

图 2-13 斜线在空间中的应用

图 2-14　折线在空间中的应用

图 2-15　不同粗细的线在空间中的对比

　　曲线,有几何曲线、螺旋曲线和自由曲线之分。由线构成的空间优美舒适,灵巧多变,具有很强的流动感与韵律感。曲线能使人体会到柔和、幽雅的情调,具有女性气质(图 2–16、图 2–17、图 2–18)。

图 2-16　几何曲线

图 2-17　螺旋曲线

图 2-18　自由曲线

二、线在空间设计中的运用

线的形态有强烈的指向性,它能起到视觉引导的作用,观者的目光会随着线延伸的方向聚集,在空间中线既可以作为骨架结构,又可以作为空间界面的轮廓把形体从外界划分出来(图2-19)。

在空间界定上,线比点的作用更为明确,它提高了空间界定的连续性,连续的线能够形成有通透感的面,但由线形成的面比实体的面具有更强的开放性。这样的线能在明确地分割空间的同时又保留了空间的通透性,是空间设计中常用的空间分割手段(图2-20)。

图 2-19 空间中作为骨架和轮廓的线

图 2-20 线在空间分割中的应用

第三节 面要素

面是空间中运用最多的形态元素。面是由线移动的轨迹构成,也可由点的扩张获得。面具有一定的厚度,但其厚度与长度相比要小得多,既"薄"的概念,否则就成了"体"的形态。

一、平面与曲面

从形态上区分,面可以分成平面和曲面两种。不同形态的面给人的视觉感受不相同,通常带棱角的平面,如方形、三角形、多边形,给人以尖锐、严肃、硬朗、规范、冷漠的视觉感受,使空间形成强烈的秩序(图 2–21);曲面形态,多为有机形、偶然形,常给人潇洒、随意、自如、柔顺、温和且富有自然性和人情味的感觉,曲面赋予空间优美的韵律变化(图 2–22)。

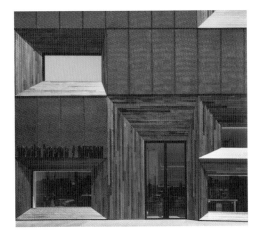

图 2-21　空间中带棱角的面

图 2-22　曲面空间

二、面在空间中的作用

　　与点、线相比,面能够更为明确的分隔空间,其间隔性比起前两种形态要素更强,因此,面可以形成空间中的实体界面,用来阻隔声音、光线和气流。相反由点、线划分的空间比面更为通透(图 2–23)。当然,如果在空间设计中要求面具有透明感,可以通过玻璃、薄纱、塑料膜等透明材质来满足这一要求。

图 2-23　线构成的顶面与实体的墙面

三、面的存在形式

空间中的面可以简单地归纳为顶面、立面、地面。在空间设计中,面以何种形式存在,在什么位置固定下来,不仅要考虑它作为空间元素的功能性,即作为顶面、立面、地面来分割空间(图 2-24、图 2-25、图 2-26),还要考虑它是否能传达空间中的信息,在某种情况下,有些面的存在纯粹是为了承载信息(图 2-27)。因此,在空间设计中,面的存在不仅要满足其功能需求,同时还要给人们以视觉上的享受。

图 2-24　顶面在空间中的设计

图 2-25　立面在空间中的设计

图 2-26　地面在空间中的设计

图 2-27　空间中传达信息的面

四、空间设计中面的处理方式

面的处理方式大致可以分为平面和立体两种。平面的处理方式主要有:利用不同材质装饰平面(图 2-28),利用图案装饰平面(图 2-29),利用光、投影装饰平面(图 2-30)等。立体的处理方式有:穿透镂空(图 2-31),凹凸起伏(图 2-32),以及新兴的电子屏幕嵌入等手法(图 2-33)。

图 2-28　不同材质的面

图 2-29　利用图案装饰的面

图 2-30　利用投影装饰的面

图 2-31　镂空处理的面

图 2-32　凹凸起伏的面

图 2-33　嵌入电子屏幕的面

▨▨ 第四节　体要素

从几何学讲,面的轨迹运动形成体,体是最能体现空间存在和体量感的形态要素。体的形态具有多样性,大致可以分为规则体块和有机体块。

一、规则体块与有机体块

规则体块与有机体块,每一种形体产生的视觉效应各不相同。如规则的立方体、锥体、柱体、球体的使用,会使空间显得秩序、大方、完整(图 2-34);不规则的有机体块的使用,会让空间更为活泼、生动、自然(图 2-35)。

图 2-34　规则体块在空间中的应用　　　　　图 2-35　不规则体块在空间中的应用

二、体块在空间设计中的运用

体块在空间中的作用通常是为了构筑坚实的体量感。大的体量在空间中能够成为空间的视觉中心或者形成相对独立的空间(图 2-36);而小的体块能够起到点缀空间的作用(图 2-37)。

图 2-36　形成相对独立空间的体块

图 2-37　点缀空间的体块

　　空间中的体块给人稳重、踏实的感觉，厚重是体块的优势，但处理不好会给人以笨重、压抑的感觉。因此，体块的运用要在厚重与灵巧之间取得平衡。如苏州园林中假山的布置与设计，工匠们按照"透、漏、瘦"的原则把厚重的石头安排在园中，一方面保留了山的风韵，另一方面也不会妨碍游人观看其他景观（图 2-38）。

　　总的来说，减轻体块重量感觉的处理方式有很多种，比较常见的有：体块内发光或者自发光（图 2-39）；体块表面用不同的材质加以处理，如镜面材质或者金属材质（图 2-40）；透明或者镂空处理(图 2-41);悬垂体块或倾斜体块(图 2-42)等。

图 2-38　苏州园林的假山

图 2-39　内发光的体块

图 2-40　镜面材质的体块

图 2-42　倾斜的体块

图 2-41　镂空、透明处理的体块

建议活动

1. 收集各式空间形态要素图片,且按照形态特征进行归类。

2. 徒手绘制各式线材、面材、块材造型的立体形态。

网上查询

通过关键词或主题搜索下列短语:点线面、立体构成、形态设计、建筑设计、环境设计、园林设计、室内设计、展示设计。

课题练习

1. 课题内容

从点、线、面、体四个形态要素中选择两个要素完成立体构成的联系。

2. 训练目的

使学生有效理解各个形态要素的特性,并且能够将其灵活运用于空间设计中。

3. 课题要求

充分考虑点、线、面、体四个要素的特性,学会在空间形态中综合使用各个形态要素;造型简洁,长宽高不超过 40 厘米。

4. 完成时间

6 学时 + 课余时间。

第三章
空间设计的形式美法则

章节概述

形态、材质、结构、色彩是构成空间造型的设计要素，然而它们的组合方式不是任意的形式安排，要构成一件悦目的空间设计作品必然遵守一定的形式美法则，如对称与均衡、比例与尺度、节奏与韵律、对比与调和等形式美法则。设计的要素如同组成语句的单词，而设计的形式美法则是构成语句的语法，只有在合乎情理的语法组织下的设计要素，才能营造出美的空间形态。

教学目的

通过本章的学习，对空间设计中对称与均衡、比例与尺度、节奏与韵律、对比与调和的形式美法则具有深入的理解，并能将其运用于具体的设计实践之中。

章节重点

节奏与韵律、对比与调和。

第一节 对称与均衡

一件优秀的空间设计作品,平衡关系是首先要解决的因素之一。空间造型离不开平衡美感的获得,其获取的途径主要是通过对称与均衡的形式法则,使各形态要素在相互协调之下形成一种稳定的状态,从而获得空间形态的平衡美。

一、对称

对称即指造型空间的中心点两侧或四周具有相同且相等的形态,具有一种稳定的样态。"对称"一词源于希腊语"Symmetros",意思是"彼此测量",意指两个以上的部分可被一单位除尽。依此本意,可有点对称、轴对称、面对称、反射、平移、旋转等几种基本对称形式。对称的空间造型不胜枚举,如古代对称的建筑形式能给一种条理性明确的美感,显得庄重、大方、完整(图3-1、图3-2)。对称的方式要视其空间环境来进行灵活运用,用之不当,可能过分严肃,显得呆板。

对称形式可起到突出中心的作用,人的视觉观察惯于由左至右看去,如若左、右两侧形态相同时,人的注意力最初在左、右两者之间动荡,最后停在中间,因此在中心部位予以强调,才能形成视觉中心,使之获得审美的感受,所以对称较为强调中心部位的设计,尽最大可能形成视觉的高潮部分(图3-3、图3-4、图3-5)。

图3-1 天坛

图3-2 印度泰姬陵

图 3-3　第 82 届奥斯卡颁奖典礼的舞台设计　　　　　　　　　　图 3-4　JUDOSUN 咖啡厅入口

图 3-5　圣弗兰西斯教堂室内设计

二、均衡

　　均衡是一种非对称平衡形式,指在轴线两边形虽不同,但因体量的相似而形成的平衡感,它即是视觉的平衡形式,也是结构力的平衡形式,是空间造型的各要素整体性的视觉平衡感受(图 3-6)。均衡较之对称显得活泼生动,富有动感,是寻求变化的秩序。对称是一种条理化的静态美,而均衡则是生动活泼的动态美(图 3-7、图 3-8)。

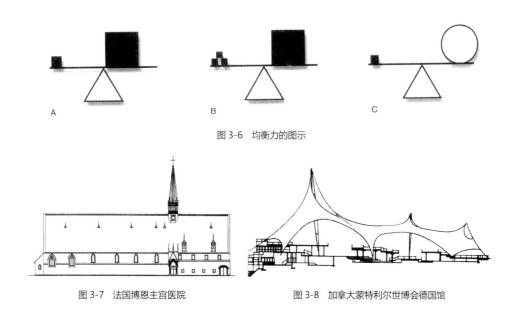

A　　　　　　B　　　　　　C

图 3-6　均衡力的图示

图 3-7　法国博恩主宫医院　　　　　　图 3-8　加拿大蒙特利尔世博会德国馆

空间设计中处理好造型体量的分布和组合关系是获得均衡形式的要点。由于形态的材质、明暗和色彩的差异也可获得不同的视觉量感,因此当一边量大于另一边量时,为获得视觉的平衡可采取在小的量一侧增加多个形体来处理,也可通过中心的位移向大一点移动获得平衡。此外还可通过色彩、材质、肌理的变化来获得平衡等,在具体的设计实践中,可灵活交叉运用(图 3-9)。

图 3-9　均衡式建筑设计

空间设计形式美法则是一种审美的"世界语",尽管国家、民族、语言、文化不同,但对形式美的欣赏和运用都具有世界的共通性。然而在具体运用过程中,由于审美习惯和文化的差异而有所侧重于某条法则。如在建筑设计及其空间布局方面,西方人多采用均衡的平衡形式,而中国人则喜好对称的平衡形式。前者获得活跃、丰富的视觉美感,而后者则显大气与庄重之美。

生活中我们面对很多失衡的因素,同样设计中也不是每一件空间造型均需满足平衡的审美法则,有时面对特定的意图,设计师会有意创造出一些失衡的作品来吸引注意力,使空间变得生动而别具张力(图 3-10)。

图 3-10　丹尼斯·奥本海姆《铲除恶魔的装置》

第二节　比例与尺度

比例与尺度是空间设计中与形态大小相关的问题,是空间设计形式语言的一个重要方面。它是研究空间造型中各部分之间,以及人和空间如何谋求统一、均衡的数量秩序。

一、比例

空间设计中的"比例",通常包含两个方面的概念:一是空间整体或它的某个局部本身的长、宽、高之间的大小关系;二是空间整体与局部或局部与局部之间的大小关系。"比例"问题的实质是如何处理空间造型整体与局部,局部与局部之间度量的美感问题,涉及形态的长短、大小、粗细、高低、厚薄等比例。空间设计也只有在取得合理的比例时,才能使观者悦目,同时在功能上会起到稳定平衡的作用。

　　比例与空间的宽度、高度、深度的伸展情况有关,当空间的宽度沿水平方向伸展时,常给人以开阔感和通畅感(图 3-11);当空间的高度沿垂直方向伸展时,给人以崇高感和雄伟感(图 3-12);当空间的深度沿纵深方向伸展时,则给人以深远感和前进感(图 3-13、图 3-14)。

　　比例的核心问题是一个数理问题,自古以来,有些数学家便发现了一些重要的比例数,并将几个理想的比值总结归纳成一定的公式,在设计中加以广泛运用,如以下几种比例形式法则。

图 3-11　贝聿铭设计的苏州博物馆　　　　　　　　　　图 3-12　科隆大教堂

图 3-13　苏州博物馆过厅　　　　　　　　　　图 3-14　2010 年里斯本北约峰会会场过厅

1. 黄金比

自古希腊欧几米德提出黄金分割原理,即被认为是一种最美的、经典的比例,是设计中应用较多的一种比例,如希腊雅典巴特龙神庙、艾菲尔铁塔等均是以黄金分割比为标准设计的(图 3-15、图 3-16)。

图 3-15 希腊雅典巴特龙神庙

图 3-16 艾菲尔铁塔

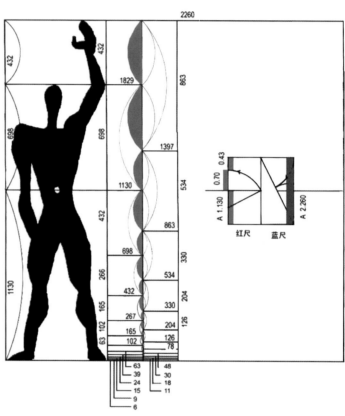

图 3-17 勒·柯布西耶模度尺

黄金比与人体的比例有着密切的关系,勒·柯布西耶提出了一个由人的三个基本尺寸(自地面到脐部的高度、到头顶的高度和到拳臂指端的高度),借助于黄金分割而引申出来的一些要素,创造了一种名为"黄金尺"的设计用尺。取 183 厘米的人体身高。地面到脐部的高度与地面到拳臂指端高度之比为 1∶2;地面到脐部之间的距离与脐到头顶之间的距离为 1.618∶1;头顶到拳臂指端的距离与脐部到头顶的距离之间的比例 1∶1.618。由这些尺寸比用连续的黄金分割级数得出长度相互有关的两个系列,然而把这两个系列并在一起,在这些长度的基础上定出网格,发展出不同长宽的一系列矩形,所有这些矩形都呈黄金比。这个比例尺被称为"勒·柯布西耶模度尺"(图 3-17)。

2. 费勃那齐数列比

这是一个近似黄金比的数列。也就是黄金矩形的比值,运用新连续的线群,由所得出的间隔构成。它是一个较为优美的比例造型。这种数理的秩序活泼对比明显,构成的形态富于变化,运用也较为广泛。费勃那齐数列比也称之为相加数列比,其求法是:数列相邻两项的数字之和作为第三项数值,其排列为 1、2、3、5、8、13、21……

3. 等差级数数列比

等差级数数列比又叫算术数列比。即:数列各项之差(称为"公差")相等。如 1、2、3、4、5 或呈倍数增加如:1×、2×、3×……　另外还可以将此数列的数值作为分母,则可得出等差级数的逆数数列,即 1、1/2 、1/3、1/4 等。这种数列的数值,其发展变化比较均匀,比例关系柔和,但弱点是显呆板。

4. 等差级数数列中的方根矩形数列比

方根矩形比是除黄金比外,也被广泛应用的比,其求法,首先用已知边长正方形,再用此正方形对角线的长度画圆弧,与其边长的延长线相交,此边长和其延长的长度即为方根 2 矩形的边长,原正方形的边长为方根 2 矩形的宽。方根 2 矩形的宽与长之比为 1：1.414。

二、尺度

尺度是研究物体的相对尺寸关系,与比例有所区别的是,比例是指一个组合构图中各个部分之间的关系,而尺度是空间的整体或局部与人的生理或人所习见的某种特定标准之间的大小关系,及其这种关系给人的感受,是物与人(或其他易识别的不变要素)之间相比,不需涉及具体尺寸,主要凭感觉上的印象来把握。尺度"意味着人们感受到的大小的效果,意味着与人体大小相比的大小的效果"(图 3-18)。

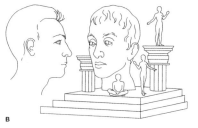

图 3-18　以人体为尺度,从便携式到纪念碑式的尺度

在此应特别注意的是,尺度不是尺寸,尺度不是指空间或要素的真实尺寸,而是表达一种关系及其给人的感觉;尺寸却是度量单位,如千米、米、厘米等对空间或要素的度量,是在量上反映空间及各构成要素的具体大小。

在视觉上我们对空间大小进行量度时,通常要与人或与人体活动有关的一些熟悉的参照物如门、踏步、栏杆的高度和宽度等作为比较标准,并把它作为量度的工具。用人体的尺寸或比例来量度空间的大小,并满足人体的生理尺寸要求,我们可以把这种尺度称为实用性尺度,它属于人体工学的范畴(第六章详述)。但并非所有的空间都用人体本身的尺度来量度,如当人置身在狭窄的胡同里时,常会感到压抑,这时之所以有这种感受,并非因为胡同尺寸窄得让人无法通过,而是因为两旁的建筑相对过高且距离过近,造成的压抑感,这种与环境中其他形态比较后确定出的空间大小,我们可以称之为感受性尺度。

尺度对于形成特定的空间环境气氛有很大影响。就空间尺度而言,尺度较小的空间容易形成一种亲切宜人的气氛;而尺度较大的空间,则会给人一种宏伟博大的感觉。与人体大小相比,就可把空间尺度分为"近人尺度"、"宜人尺度"、"超人尺度"三种。"近人尺度"使人产生控制感,如生活用具;"宜人尺度"使人产生亲切感,形成亲和空间,如尺度适宜的住宅空间,是接近人体尺度的低小空间,有一种亲切感和可居性,具有宁静、亲切的感觉(图3-19);"超人尺度"形成巨型空间,使人产生压抑感,空间又高又大,远远超出人体的尺度,暗示着整体包容的感受,人的行为只占据空间的一小部分,让人产生建筑宏伟、自我渺小的感觉。

图3-19 宜人的空间尺度

通常,空间的尺度主要是由它的用途来决定的,不同使用功能的空间,都有相应的大小和高度,但对于某些类型的空间,如教堂、纪念堂、影剧院或某些大型公共空间,为了创造出神秘的气氛和雄伟、宏大的形象,室内空间的尺度往往要大大超出使用功能的要求,形成"超人尺度"(图 3-20、图 3-21)。总之出于功能的要求来确定空间的大小和尺寸,一般都可获得与功能性质相适应的尺度感。

图 3-20　圣保罗大教堂

图 3-21　音乐厅室内设计

第三节　节奏与韵律

在自然界中许多事物或现象,往往因有规律的变化,从而激发起人们的审美感受。如峰峦起伏的群山、后浪推向前浪的波涛等,都是富有节奏的律动。对于这样的一些类似现象,人们有意识地予以模仿和运用,从而创造、设计出各种富有节奏的韵律美空间艺术形态。

一、节奏与韵律的关系

节奏近乎于"节拍",是一种有规律的律动。韵律是在节奏的基础上产生的,是富有动感和情感的节奏变化,韵律是节奏的情感导出,是节奏的深化,是节奏的节制、推动、强化下所呈现的情调和趋势。节奏感通常能表达静态之美,而韵律则含动态之美,它体现了造型动感的节律。与节奏相比韵律具有一定的随机性,体现了一种自由运转的内在规律,如摇曳的枝条、跳动的火苗在节律中律动,更具感染力、生命力,其变化的趋势多呈现出曲线状态。

空间设计中的节奏是对自然界节奏适从的结果,是设计师对不同节奏感选择与创造的结果,主要意味着一切造型要素有秩序、有规律的变化。它既是艺术形式的组织力量,又是一种有条理的美,意味着形态的疏密、刚柔、曲直、虚实、浓淡、大小、冷暖诸对比关系的合拍(图3-22、图3-23)。

图 3-22　充满韵律感的块面造型

图 3-23　通过曲直线条的重复与对比获得韵律美

节奏与韵律的主要特征就是秩序感的建构,其造型要素按一定比例,有规律地递增或递减或重复,并具有一定阶段性变化,形成富有律动感的形象。充满节奏韵律感的空间造型一般都表现为生气勃勃,有时还呈现出一种跃动的感觉,它能给人以活力和魅力,所产生的美感,会增强视觉刺激作用,从而提高观者的欣赏趣味。因此,节奏与韵律感的营造在设计中比比皆是,在空间设计中其构造形态的大小、宽窄,结构的走向、变化均可设计出富有节奏的秩序变化,创造出富有情感的律动(图3-24)。

图 3-24　通过重复的有机曲面造型产生节奏感获得韵律美

二、节奏与韵律的表现形式

1. 重复

即将空间设计的造型要素有规则、反复地连续起来。重复使用相同或相似的设计元素，可形成井然有序的形式美。重复有形相同、间距不同或间距相同几种形式(图 3-25、图 3-26、图 3-27)。

图 3-25 相同造型的隔断设计

图 3-26 采用重复元素使室内天顶富有节奏感

图 3-27 采用重复的建筑形态通过大小变化的组合关系使空间富有韵律感

2. 渐变

空间设计中的造型要素按照某种规律，渐次地、循序渐进地逐步变化，呈现出一种有阶段性的调和的秩序。渐变的形式多样，有大小、疏密、厚薄、间隔、方向、位置的渐变，也有形态体量色彩、明暗的渐变等。渐变在视觉上能产生收缩或放大的审美感受,当然这种渐变离不开合理的比例为基础(图 3-28、图 3-29、图 3-30)。

图 3-28 大小渐变的天顶设计

图 3-29 等差级数数列
渐变设计的上海金融大厦

图 3-30 发散式渐变的吊顶设计

3. 起伏

空间设计中的造型要素作高低、大小、虚实的有一定规律的起伏变化。自然界中的山峦、波涛,都是起伏韵律的形式,建筑与环境、雕塑、园艺、舞台设计常借助起伏律予以表现,这种韵律能使观者产生跌宕起伏的审美感受(图 3-31、图 3-32、图 3-33)。

图 3-31　贝尼多姆市海滨长廊

图 3-32　富有起伏感的公共空间设计

图 3-33　起伏错落的线条形成富有韵律美的室内空间

4. 交错

交错律是由空间设计中各造型要素作上下、左右、前后有规律的交错或相向旋转。交错律能赋予形体以较强的动感,显得自然灵动 (图 3-34、图 3-35、图 3-36、图 3-37、图 3-38)。

图 3-34　纵横式的交错

图 3-35　旋转式的交错

图 3-36　旋转式的交错

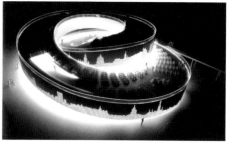

图 3-37　旋转式的交错

图 3-38　上下式的交错

上述各种韵律共同的规律都是建之于某件重复之上的变化。没有重复就无法形成节奏，而没有规律性变化就无法产生韵律的美感。

第四节　对比与调和

对比与调和是互相对立存在的统一体，二者是同一问题的两个方面，一切事物都是处在矛盾着的统一体当中。对比（变化）与调和（统一）互相矛盾并互为存在，优秀的空间设计作品是在统一性与多样性中找到整合的平衡，达到和谐相生的境界。

一、对比

对比指在一个造型中包含着的相对或相互矛盾的要素。"鹤立鸡群"是指形态的对比，"万绿丛中一点红"是指色彩的对比，而空间设计的对比要素则包含形态、材质、结构、色彩、光影的对比，如形态大小、方圆、曲直，材质的软硬，结构的凹凸，色彩的冷暖、鲜灰，光影的明暗均可构成对比关系，运用对比的形式手法，可使空间造型生动活泼，充满动感和富有个性，同时也可起到强调突出某一部分或点明主题的作用（图 3–39、图 3–40）。

图 3-39　方圆对比的室内空间

图 3-40　形态对比的建筑设计

二、调和

如果一件作品缺少对比,就会使形态千篇一律,枯燥乏味,但是,如若对比过于强烈,变化过多,就会使形态之间相互争夺,使人看上去眼花缭乱,失去美感,因此,对比离不开调和。调和的目的是统一,协调对立的两极使空间造型各构成要素能够和谐统一,给观者以整体性视觉美感。就形态而言,包括点、线、面、体诸多因素的调和,就材质而言有软硬、粗细、光滑、细腻的调和,就色彩而言有邻近色与对比色,灰色与纯色的调和。

通过诸造型要素的调和处理,可获得形态构成美的秩序,而达到调和的最基本条件是在空间造型中彼此具有共同的因素,总之对比与调和是一对辩证的对立、统一的关系,只有对比,没有调和的形态将杂乱无章、支离破碎;只有调和缺乏对比,则形态枯燥乏味、呆板沉闷(图3-41)。

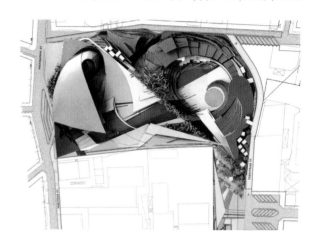

图3-41 希腊宇宙文化公园的空间设计

三、对比与调和的实现

在设计中根据具体情况要予以灵活掌握,造型的美与否在于对比与调和度的把握,在强化对比时要注意如何调和,强调调和时需予以适度的对比,从而确立造型对立统一的关系,使造型具有视觉张力。

通常空间设计包含以下几个方面的对比与调和形式关系。

1.形态的对比与调和

形态的构成要素有曲与直、方与圆、长与短、大与小以及形态的方向性存在对比与调和的关系。同样的形态,大小差距大则对比,接近则调和;不同的形态对比强烈,近似的形态则调和。形态上分出主次、层次、方向都是形成对比的手法。利用呼应、重复、秩序等则是处理调和的手法(图3-42、图3-43)。对比强的形态如需调和,可在造型上作近似的处理,使不同的形态接近。对复杂的形态,如大型建筑,主要应在调和上下功夫。

图 3-42　形态大小和方向的对比与调和　　　　　　　　　图 3-43　曲面的对比与调和

2. 材料的对比与调和

材料是构成空间造型的基本要素,不同材料有着不同的质感表现,如石材冷、硬,木材自然、素雅、亲切,玻璃透明、光滑。空间造型利用材质不同的质感属性予以对比,其方法也多样,如相同材料不同肌理的对比,不同材料肌理的对比与并置,软质材料与硬质材料的对比,光滑与粗涩的质感对比,透明材质与不透明材质的对比,反光材质与亚光材质的对比,等等。材料对比具有较强的视觉的感染力,能予人以丰富的审美感受(图 3-44、图 3-45)。

材料的调和可通过近似质感或肌理的材料的组合并置来获得。在具体的设计中,我们应根据不同的设计内容和功能需要来平衡材料的对比与调和的关系,即决定是强调还是削弱两者的比例,从而获得造型的整体美。

图 3-44　木材与玻璃的对比与调和　　　　图 3-45　金属与玻璃的对比与调和

3. 色彩的对比与调和

空间造型的色彩是指所使用材料或经过着色处理形态所呈现的色相。空间造型的物体以单色为多,但由于审美风尚的时代变化,多色的空间造型也趋于多样。

在空间造型中两样以上的色彩相互并置,彼此之间能产生互相和谐而无冲突的视觉感受时,称之为色彩的调和,反之则为色彩的对比,其色彩的对比因素有明度、色相、纯度、冷暖的面积四种基本的对比因素。而色彩的调和因素是通过色彩主从关系的处理,中间色或中性色彩的置入来获得色彩的调和(图 3-46)。

图 3-46　通过白色调和红绿对比

4. 方向、动势的对比与调和

方向、动势是较强的对比手法,如竖与横、直与曲、左与右、前与后的对比,在建筑和工业设计中常见此形式,形成方向对比的各形态如大小相等、造型近似则容易取得协调,反之可能杂乱。

一般情况下造型有一个主流动势方向,应按照这一条韵律,安排局部的形体位置,但也要有适当地接近主流方向的支流加以对比这样的作品才富有动感(图3-47、图3-48)。

图 3-47　竖与横的对比与调和　　　　　　　　　　　　图 3-48　动势的对比与调和

总之,对比与调和是一对平衡的力,同时也相互交织,对比通过造型要素的多种表现方式使作品充满神彩,调和是将造型中的不同要素整合起来,在各种设计要素中寻求共通的要素,使之相互结合成为一个和谐的整体,它经常运用形态的重复获得。

对比与调和的作用常涉及"过渡",而过渡则通过微小的变化使两种对立的力量或元素糅合起来,形成相辅相成的关系。空间造型中缺乏对比就单调、没有调和就杂乱,在处理时必须权衡两者的得失,依据不同造型的表现内容和功能需求而定。

建议活动

1. 分析平面设计中的形式法则与空间设计中的形式法则之间的异同。

2. 分析比较中外经典建筑设计关于形式美法则运用的差异。

网上查询

装饰艺术风格的形式美特点、现代主义风格的形式美特点、后现代主义风格的形式美特点。

课题练习

1. 课题内容

运用对比与调和法则制作一空间立体模型,造型简洁,长宽高不超过 40 厘米。

2. 训练目的

使学生有效理解对比与调和法则的内涵,且能加以灵活运用。

3. 课题要求

在运用对比与调和法则时充分考虑对称与均衡、比例与尺度、节奏与韵律、对比与调和在空间形态的综合表达。

4. 完成时间

12 学时 + 课余时间。

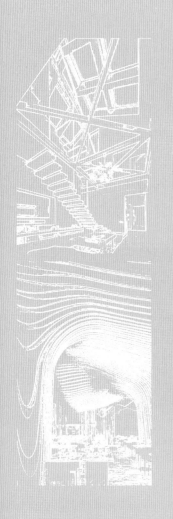

第四章
空间的功能、结构与类型

章节概述

本章介绍了功能对空间尺度、空间形态和空间组织的影响和制约、空间结构与
形式的关系、空间类型的主要分类。使学生理解这三大项的设计原理，并且能
为今后的专业实践学习提供必要的理论基础。

教学目的

通过本章的学习，使学生理解功能与空间的关系，结构与空间的关系以及不同
类型空间建构的原理。

章节重点

功能与空间、结构形式和不同空间类型的建构。

第一节 功能对于空间的规定性

关于功能与空间形态的关系从古到今,都有论述。第一章中提到的老子有关"利"与"用"之关系,充分说明空间的形体与功能共生共荣,两者互不能孤立而谈。美国著名建筑师密斯在20世纪早期就提出著名的"功能决定形式"的论断。很明显无论是老子还是密斯都在强调空间的形态创造中要充分考虑功能,形式要建立在一定的功能之上(图4-1、图4-2)。

就空间与功能的关系而言,功能对空间具有明确的规定性,概括来讲主要体现在:

其一,量的规定性——要求空间具有合适的尺度和容量,并足以容纳人类和物品;

其二,形的规定性——要求空间具有适应于特定需求的形态,以满足不同的使用要求;

其三,质的规定性——所围合的空间必须具备保护功能条件下的要求,以防止人类或物品受到其他因素的侵害。

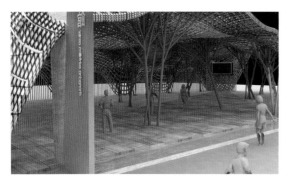

图4-1 某主题展场设计

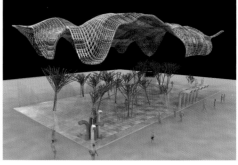

图4-2 某主题展场设计,树状体不但可以支撑上部的重量而且可以形成丰富的空间效果,使功能与形式结合(李晶涛设计)

功能对空间的影响有以下几点:

1. 对空间尺度的规定性

物体的观看功能和使用功能,对空间的尺度有着限定作用。如展示柜台的设计,对用于展示小体积展品的展台(如首饰的展柜),其高度一般控制在0.8米~1.5米之间,才能符合观看功能。而对于展示大体积展品的展台(如楼盘的模型),其高度一般控制在0.3米~0.8米之间才能满足观看功能(图4-3)。使用要求不同,面积就要随之变化。普通居室在住宅中属较大者,但与公共建筑用房相比,其空间容量是小的。以教室为例,一间教室要容纳一个班(50人)

的学生的教学活动,至少要安排 50 张桌椅,此外还必须保留适当的交通走道,这样的教室至少需要 50 平方米左右的面积,这就意味着比普通居室大三倍左右。

图 4-3　DIOR798 展根据展示功能的不同,并且充分考虑人机工程学,所设计的不同高度展台

图 4-4　Z 型椅设计,从人机工程学出发设计的休闲椅（扎哈·哈迪德 设计）

2. 对空间形态的规定性

在确定了空间的尺度以后,下一步就是确定空间的形态,是正方形、长方形、圆形、三角形、扇形还是其他不规则形状的空间形式。当然对于大多数空间来讲,多是采用长方形的空间形式,但即使这样也会因为长、宽、高三者的比例不同而有很大的出入。究竟应当采取哪种比例关系?也只有根据使用功能特点才能进行合理的选择。例如,影院和剧院建筑的观众厅,虽然功能要求大体相似,但毕竟因为两者视听的特点不尽相同,反应在空间形状上也各有特点:影院偏长、剧院偏宽。此外,两者对视线、音响要求严格、复杂,其平、剖面形状也远较一般的房间复杂,这些都是功能制约的结果。而空间的形态制约使用功能在小的方面表现为,比如坐的功能要求座椅的形态要符合人体工程学(图 4-4)。

3. 对于空间组织的规定性

空间使用功能对空间内部组织的限定,包括整体空间内部的动线设计和内部形体的组织。例如美术馆展览空间和酒店空间,因使用功能不同,前者一般为流动性空间(图 4-5、图 4-6),而后者则为串联式空间(图 4-7、图 4-8)。两者室内空间的组织与规划完全不同。功能限定形体内部组织规则是指对形体材料和内部构造方式的限定,如剧院的演出观看功能要求四周墙壁及座椅的材料和构造方式要满足隔音、吸音等要求。

空间的组织包括两个单一空间的组织和多个空间的复合组织。空间组织往往通过交通流线进行贯穿组合。空间的组织方式，首先，要满足空间功能的需要，其次，单一空间应服从整体空间的需要。

图4-5　西班牙巴塞罗那世博会德国馆轴测图，著名的流动空间案例，在美术馆和展示场馆设计中多使用此空间布局（密斯·凡德罗 设计）

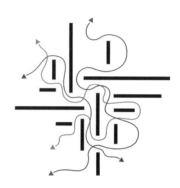

图4-6　流动空间示意图

图4-7　富于诗意的博物馆空间设计思考（李晶涛 设计）

图4-8　富于诗意的博物馆空间设计思考（李晶涛 设计）

在此，主要介绍两个单一空间的组织方式，可以从四个方面入手：

点的接触组合：包括点与点的接触组合，点与线的接触组合，点与面的接触组合，这种组合方式或具有明确的升发感或能产生空间扩散感。

线的接触组合：包括线与线的接触组合和线与面的接触组合。线与线的接触组合可使空间流线富有起伏曲折、生动丰富之感，线与面的接触组合可使空间富有节奏感和丰富性。

面的接触组合：即两个相邻的空间共用一个面。其空间视觉效果取决于他们之间的连接方式（是对接还是交错连接）以及贯通的形式、形状和所采用的材料。

体的接触组合：此种组合大致可分为三种表现形式，整合、主次和共享。

整合：是指两个空间进行交叠时，消除公共组合部分，取其两者外部轮廓而围合成新的空间形式，从而得到一加一大于二的空间效果。

主次：在两单一空间交叠的过程中，其中一个变为主要空间，而互为交叠部分则与主要空间互为一体，另一空间则因其形状的缺损，变为从属性的次要空间或辅助性空间。

共享：两个空间在交叠组合的基础上，即能保持各自的独立空间特征，又能共同使用相互交叠的空间，作为产生共享空间的交叠部分，必须在天覆、地载兼备的前提下，其功效才能达到。而用以围闭的界面则可由可无，若有，也只能采用半隔或通透式处理（图4-9）。

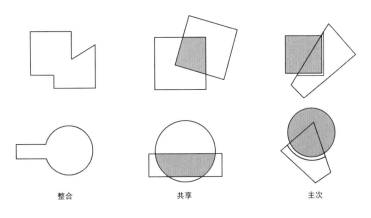

整合　　　　共享　　　　主次

图4-9　空间的三种交叠形式示意图

上述三点谈到了功能对于空间尺度、形态和空间组织的规定性，但是有许多的空间由于功能特点对于空间形态、流线组织等并没有严格的要求，这表明规定性和灵活性是并行不悖的。不过即使对这三大方面要求不甚严格的空间，为了求得使用上的尽善尽美，也总会有它最适宜的空间格局，从这种意义上讲，功能与空间存在某种内在的联系性。

▌▌第二节　空间的结构形式

不同的材料构建的空间需要有不同的构造和结构，空间的呈现需要结构形式的承载，而这种结构又决定了空间的形态，将空间与结构综合考虑是空间形态构成的原则之一。在空间设计中需理解到"结构就是形式，形式就是结构"。要懂得使用不同的构造形式创造出不同的空间效果。

结构,作为构筑空间的重要手段之一,即受限于功能又服务于审美这两大空间要素。相比较而言,结构和功能之间的关系更为密切。不同功能,均需要与之相配的结构方法提供的空间形式。如内隔墙承重的深板式结构方法所产生的蜂房式空间构成,框架承重结构所产生的灵活多变的通透式空间构成,大跨度结构所获得的巨大空间构成,等等。与功能相同,审美同样具有举足轻重的作用,是绝对不可或缺的要素。古罗马建筑的拱和穹隆结构,不仅创造了巨大的建筑空间,而且创造了光彩耀人的艺术形象。时至今日,现代技术为我们提供了前所未有的空间结构形式,而对于建筑文化的提升则又是审美领域需加强研究的学问。

在建筑空间的营造中其结构大致分为以下几个方面:

1. 以墙和柱承重的梁板结构体系

此结构主要由两类基本构件共同组合而形成空间。一类构件是墙柱,另一类构件是梁板。前者形成空间的垂直面,后者形成空间的水平面。墙和柱所承受的是垂直压力,梁和板所承受的是弯曲力。其特点是:墙体本身既要围合空间,同时又要承担屋面荷载,把维护结构和承重结构这两项任务合并在一起。梁板结构历史悠久,但不能自由灵活的分隔空间。现在一些功能复杂的空间结构已不用此结构形式。梁板结构的形式运用范围有局限,一般适用于功能和建构简单的空间组接关系(图4-10)。

2. 框架结构体系

此结构体系由梁柱构成,构件截面较小,因此框架结构的承载力和刚度都较低,框架在纵横两个方向都承受很大的水平力,框架结构的墙体是填充墙,起维护和分隔作用,框架结构的特点是能为建筑提供灵活的使用空间。其特点是把承重的骨架和用来维护或分隔空间的帘幕式的墙面明确的分开,采用框架结构的近现代建筑空间的营造,由于荷重全部集中在立柱上,底层无需设置厚实的墙壁,而仅仅依靠立柱就可以支托建筑物的全部荷重,这样可以采用底层透空的处理手法,使建筑物的外形呈上大下小或上实下虚的形式。

框架结构可以为空间提供一个骨架,因此可以自由的分隔空间,它不仅适应复杂多变的空间功能要求,还极大地丰富了空间的变化。在建筑空间中,使用此结构,内墙主要起隔音和遮挡视线的作用,可以选用轻、薄的内墙材料构成,让空间有更多的可使用区域;外墙起保温隔热的作用,一般为厚重的实墙,但也可以考虑玻璃幕墙等材料以减轻结构的重量。这种结构的出现为建筑空间发展带来了巨大的影响(图4-11)。

图 4-10 梁板结构图

图 4-11 框架结构图

图 4-12 大跨度结构图

图 4-13 悬挑结构图

3. 大跨度结构体系

从建筑历史发展的观点来看,一切拱形结构——包括各种形式的拱、筒形拱、交叉拱、穹隆、桁架、壳体结构、悬索结构、网架结构等,都可以说是人类为了谋求更大的空间而设计的大跨度结构体系。现今的空间的结构向着轻量、大跨方向发展,这种发展趋势要求必须千方百计地降低结构自重。降低结构自重的途径一方面是研制轻型、高强度的建筑材料,另一方面是研究合理的结构形式。结构受拉部位采用膜材或钢索,受压部分采用钢或铝合金构件,这样膜、索、杆结合使用,形成杂交结构,可望实现理想的轻量大跨结构。张拉整体结构和膜结构是降低结构自重的较理想的结构体系,可跨越相当大的跨度,现今跨度已达到 200 米左右。其结构形式主要包括网架结构、网壳结构、悬索结构、膜结构、薄壳结构及各类组合空间结构。形态各异的空间结构在体育场馆、会展中心、影剧院、大型商场、工厂车间等空间中被广泛应用(图 4-12)。

4.悬挑结构体系

此结构历史比较短暂,是因为在钢和钢筋混凝土等具有强大抗弯性能材料出现之前,用其他材料不可能作出出挑深远的悬挑结构。一般的屋顶结构,两侧需设置支撑,悬挑结构沿结构的一侧设置立柱或支撑,并通过它向外延伸出挑,用这种结构来覆盖空间,可以使空间的周边处理成没有遮挡的开放空间。由于其特点,体育场建筑看台上部的遮蓬,火车站、航空港建筑中的雨棚等多采用此种形式。另外,某些建筑为了使内部空间保持最大限度的开敞、通透,外墙不设立柱,也多借助于悬挑结构,来实现上述意图(图4–13)。

以上介绍的各种结构类型,尽管各有特点,但具有两个共同点:一是它本身必须符合力学的规律性;二是它必须能够形成或覆盖某种形式空间。没有前一点就失去了科学性;没有后一点就失去了使用价值。结构的科学性和它的实用性有时会出现矛盾。我们既不能损害功能要求而勉强地塞进结构所形成的某种空间形式,也不能损害结构的科学性而勉强拼凑出一种空间形式来适应功能要求。

一种结构,如果能够把它的科学性与实用性统一起来,它就必然具有强大的生命力,那么剩下来的则是形式处理问题,建筑空间的形式问题是非常重要的环节,应当在空间设计的开始即予以考虑。尤其是当代建筑好像当代绘画一样,都希望能从外在的形式表达一种内在精神诉求,即上文所述。纵观古今中外的建筑,凡属优秀作品,都必须是符合于结构的力学规定性;又能适应于功能要求;同时还能体现出形式美的一般法则(图4–14、图4–15)。只有把这三者有机地统一起来,才能通过美的外形来反映事物内在的和谐统一性。

图4-14 深圳市文化艺术中心

图4-15 深圳市文化中心室内的柱状体,不但满足支撑的功能,而且又是一件雕塑作品,使空间变化丰富生动(矶崎新 设计)

▓‖ 第三节　空间类型的界定

　　空间类型的界定可理解为两种方式：围合与开启，并由其开、围程度的不同，从而形成各种不同开放或封闭性质的空间也就是在空间设计中常谈到的私密性空间和半私密性空间，不管空间形态有多么的复杂，作为构建都可抽象为点、线、面，并且其组织方式也可有图中九种基本类型来表现（图 4−16）。

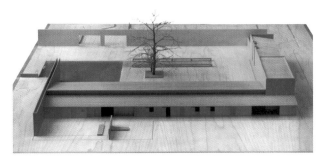

空间的围合：由小到大　　　　　空间的开放程度：由大到小　　　　　空间的封闭程度：由小到大

图 4-16　空间组织方式的九种基本类型

一、不同空间类型的营造和象征性

　　（1）围合程度决定相对开放、相对封闭的空间（图 4−17、图 4−18）。

　　（2）明确的导向性可产生方向感，形成视觉中心（图 4−19）。

　　（3）大小不同的空间可组织形成一个完整的组合空间。

　　（4）空间形势的向心组合，可以形成具有中心感的组合空间。

　　（5）大小相近的空间并列组织，形成并列空间。

　　（6）通过对比，形成方向感明确的主、从空间形式。

　　（7）流动空间。

　　（8）空间形式有组织的变化和自由规律的重复，形成韵律感。

　　（9）相似形式的空间重复出现，形成序列感。

图 4-17　圣·克里斯特博马厩与别墅模型
（路易斯·巴拉干 设计）

图 4-18　圣·克里斯特博马厩与别墅，通过墙体、建筑的围合与开启形成富于变化的空间效果 (路易斯·巴拉干 设计)　　图 4-19　英国伦敦喳喳月亮餐馆设计，竹子所构成的垂直与水平界面，产生明确的导向性和方向感 (隈研吾 设计)

二、不同空间类型所形成的特定空间性格特征

空间的塑造应该有独特的性格魅力。空间的性格是空间给人生理和心理上的影响。任何点、线、面、体构成的空间，由于各种素材不同，形状不同，以及比例、造型、色彩、材质、光源等视觉要素的相互关联、相互影响，会形成种种不同性格的空间。随着时代的更新、社会的发展，空间也将被赋予新的精神内涵。

1. 亲密性和私密性

亲密性主要体现在空间量的大小上，体量大的空间亲密性弱，相反体量小的空间亲密性较强。私密性和空间的体量大小并无关系，决定空间私密性好坏的因素主要取决于空间的围合程度，即上文探讨的围合和开启的关系，当围合范围大时私密性就会越强，当开启范围大时，私密性就会越弱。另外私密性也与空间的隐蔽程度有密切关系，如果四合院中的闺房、绣楼布置在隐蔽的后院。现代居室也多把卧室安排在受干扰较少的空间区域，使得它具有安全感、清新感和亲密感。

2. 神秘性

具有神秘感的空间最能激发人们的好奇心。在博物馆 (图 4-20) 展陈设计和小型专卖店中有用此空间促使怀有猎奇心的参观者透过光影的表象去弄清楚事物的本来面目，或者透过神秘的面纱引发消费者对专卖店的好奇，诱导其进入这样的空间。神秘空间常用灯光、色彩，甚至音乐等元素的整体配合营造空间。当空间不大时，多采用黑色或深色的材质，以及低亮度、单色光进行表现。

3. 极简性

空间简洁而不简单、不粗糙,质朴而不无聊、不空泛,经得起细细地品味和推敲,代表着新兴的高雅追求,简练中蕴含着无穷的回味。空间中可有可无的装饰被去掉,留下必不可少的内容和形式使感官上简约整洁,品味和思想上更为优雅。美国景观设计师彼得·沃克将极简主义艺术风格融入现代景观园林空间设计之中,开创了极简主义景观设计的先河,给人以纯净和耳目一新的感觉(图 4-21)。

图 4-20 具有神秘感的九江博物馆明清馆设计方案 (李晶涛 设计)　　图 4-21 彼得·沃克的极简主义广场设计景观

4. 不确定性

不确定性空间具有无拘无束的空间样式,在空间中表现体积的不定,空间边缘的不定,空间组合叠加交错、穿插变幻、模糊不清。不定性表现在既"围"又"透",既有又无,既内又外,徘徊在似与不似之间, 透出层层丰富的不规则空间关系,让人体验到不定性空间耐人寻味的意境。西方建筑受到近代美学观点的影响,抽象造型广泛应用。一些活动场所可以自由分

图 4-22　中央美术学院美术馆室内(矶崎新 设计)

割、组合,这些不定性元素让空间具有充分利用和重复利用的可能性。法国蓬皮杜文化艺术中心运用此构成形式随时更换隔墙、展板,将艺术中心改变成新的布局。日本建筑师矶崎新为中国中央美术学院设计的美术馆,内部空间变化自由丰富,可以随时根据展览的需要对空间进行规划和分隔(图 4-22)。

5. 隐喻性

一个好的空间设计,可以引导参观者产生冥想,或者称其为空间的情感表现性。如在当代建筑中,教堂在形式和空间的实验中的作用并不逊色于古典主义的价值,从朗香教堂、水晶教堂、小念珠教堂到光之教堂、水之教堂,将"精神空间"和隐喻性表达得淋漓尽致。现代教堂以独特的空间关系渲染宗教氛围,用空间的结构张力、变体造型、材料及质感制造出宗教精神、宗教意义和宗教信仰。

现当代教堂原有的宗教色彩正在逐渐淡化和异化,古典样式中象征神的世界和人的世界联系越来越弱。从圆洞射出的柔和阳光被朗香教堂由墙体和屋顶之间如同灵光的"一线天"代替。由于建筑大师对于宗教的独特理解,教堂的设计通过各种不同的手法窥探宗教的精神内涵,把古典主义中充满苦难、悲剧色彩的基督、圣母像单纯化、简化,许多形象以平面化、装饰化的手法进行处理,再造出适合现代审美的隐喻性空间。

在国际当代空间设计界,日本设计界是空间隐喻性精神表达的佼佼者,无论是室内还是室外空间设计,日本设计师都将禅宗精神表达得淋漓尽致,在室内设计上日本设计师多采用极简主义的风格,通过精微的细节处理,材质的原始质感、颜色等的运用,以及单个元素重复性的设计形式,将禅宗哲学中所要表达的"静"完美地隐喻其中;日本枯山水是其室外景观设计的代表,其使用白砂、枯石和蕨类植物等将大海与礁石岛屿生动体现,给观者强烈的视觉与精神的冲击(图 4-23)。

对于空间的性格还可以从温暖、寒冷、明亮、黑暗、优美、古朴等很多方面归类。运用不同的方式处理空间会让人在生理和心理方面产生各种不同的反应。

图 4-23　隐喻性极强的日本枯山水设计

三、灰空间

  在当代设计中还有被经常提及的"灰空间",它是由日本已故建筑师黑川纪章提出的建筑中的空间概念,是一个相对模糊的空间概念,属过渡性地带,即半室内半室外的空间。他大量使用庭院、走廊等过渡空间,并将其放在重要位置上,无法界定是室内还是室外。由于"灰空间"的存在,使得建筑内外部的界限在一定程度上得以消除,从而使两者成为一个有机的整体。"灰空间"无论是在建筑空间还是城市环境空间中可以说是无处不在。例如,在灿烂阳光照耀的毫不出奇的平坦土地上,用砖砌起一堵墙壁,于是在那里就的的确确出现了一个适于恋人们凭靠的向阳空间,在它背后出现了一个照射不到的阳光的冷飕飕的空间,拆去这堵墙壁,就又恢复到原来的毫不出奇的场地。那么由这堵墙壁的存在所形成的空间即为室外的"灰空间"(图4-24、图4-25、图4-26)。

图 4-24 "灰空间"示意图:以上三张图分别通过铺设地毯、撑开雨伞和集会来形成特定的场所,此场所可被称为"灰空间"(芦原义信 绘制)

图4-25 建筑中庭所形成的"灰空间"(隈研吾 设计)   图4-26 拙政园之水廊所限定的"灰空间"(李晶涛 拍摄)

建议活动

1. 搜集能体现功能与空间、结构与形式关系的相关室内设计作品,并加以分析。

2. 教师可提供若干能体现上述主题的优秀空间设计案例,并进行全班讨论。

3. 以学生个体为元素分组进行空间围合游戏。

网上查询

搜集国内外能体现功能与形式紧密结合的当代空间设计作品。

课题练习

1. 课题内容

根据本章主讲内容对日本建筑师矶崎新在中国设计的深圳文化艺术中心内部中庭空间进行分析,画出必要的分析图和结构示意图若干张并配合文字说明。

2. 训练目的

引导学生在优秀的实际设计案例中体会功能、结构形式与空间形态的关系。

3. 课题要求

分组查找深圳文化艺术中心项目的相关设计图纸,在绘制分析图和结构示意图时要图示清晰,阐述明确。

4. 完成时间

16 学时 + 课余时间。

5. 产生效果

通过深入研究使学生深入了解本章理论知识与实际建造的联系。

6. 课题提示

重点分析深圳文化艺术中心案例中不规则形柱体结构所营造的特殊空间效果,柱体存在的意义,与普通柱体的区别,柱体和建筑的关系,等等。

第五章
空间组织与界面设计

章节概述

本章介绍了空间的两种形式——单一空间和组合空间，以及空间界面设计所应注意的问题。在单一空间和组合空间的论述中前者重点谈了不同空间在设计中的不同运用，后者谈到三种空间的组合形式和各自的特点。

教学目的

使学生理解对单一空间和组合空间的不同处理给人带来的精神感受以及在实际设计中的运用。

章节重点

单一空间的形式处理及人的精神感受、组合空间的不同组织形式、空间界面设计应注意的问题。

第一节　单一空间

单一空间是构成空间最基本的单位，在分析功能与空间的关系时就是从单一空间入手的，现在还是从这里入手来研究它的形式处理与人的精神感受方面的联系，问题可以归纳为以下几个方面。

一、单一空间的体量与尺度

通常情况下空间的体量大小主要是根据空间的功能使用要求确定的，但是某些特殊类型的空间，如纪念堂、候机楼等大型公共空间，为了达到宏伟、博大或神秘的气氛，室内空间的体量往往可以超出使用功能的要求（图 5-1）。空间的尺度感应与其使用功能相一致，例如住宅中的居室，过大的空间将难以造成亲切宁静的气氛。日本建筑师卢原义信曾指出："日本式建筑四张半席的空间对于两个人来说，是小巧、宁静、亲切的空间。"（图 5-2）日本的四张半席空间相当于我国 10 平方米左右的小居室，作为居室其尺度是亲切的，但是这样的空间却不适应公共活动的需要（图 5-3）。

图 5-1　国会中心设计

图 5-2　长城脚下的竹屋内营造出小巧、宁静的个人空间（隈研吾 设计）

图 5-3　温馨、舒适的传统日本室内空间

二、单一空间的形状与比例

不同形状的空间往往给人不同的心理感受,在选择空间形状时必须把功能使用要求和精神感受要求统一起来考虑,使之既适用,又能按照一定的艺术意图给人以某种精神感受。例如一个窄而高的空间,由于竖向的方向性比较强烈,会使人产生向上的感觉,如同竖向的线条一样,可以激发人们产生兴奋、自豪、崇高或激昂的情绪(图 5-4)。为了适应某些特殊功能的需要,还有一些其他形状的室内空间,这些空间也会因为其形状不同而给人以不同的感受。如中央高四周低,穹隆形状的空间,一般可以给人以向心、内聚和收敛的感觉。反之,四周高中央低的空间则具有离心扩散和向外延伸的感觉(图 5-5)。

图 5-4 长城脚下的竹屋使用竖向的线条营造出神秘、崇高的空间意境(隈研吾设计)

图 5-5 与中国古建筑中传统坡屋顶背道而驰的内凹式屋顶空间,形成离心扩散、向外延伸的感觉(马清运 设计)

三、单一空间的围、透关系处理

四壁围合的单一空间,会使人产生封闭、阻塞、沉闷的感觉;相反,则会感到明快、通透。因此,空间是围还是透,将会影响到人们的精神感受和情绪。在空间中围、透是相辅相成的。只围而不透的空间诚然会使人感到闭塞,但只透而不围的空间尽管开敞,但处在这样的空间中犹如置身室外,因而对于大多数建筑来讲,总是要把围与透这两种互相对立的因素统一起来考虑,使之既有围,又有透;该围的围,该透的透(图 5-6)。处理围透关系还应考虑周围的环境。凡是对着环境好的一面都应争取透,反之应当围。例如中国美术学院象山校园的建筑和景观设计,建筑外墙使用巧妙的开口,将围透关系处理得很巧妙,特别是把对着风景优美的一面处理的即开敞又通透,从而很好地把校园景观引入室内(图 5-7、图 5-8)。我国古典园林建筑中常用的借景手法,就是通过围、透关系的处理而获得效果的。凡是实在的墙体,都因遮挡视线而产生闭塞感;凡是透空的部分都因视线可以穿透而吸引人的注意力。利用这一特点,通过围透关系的处理,可以有意识地把人的注意力吸引到某个确定的方向(图 5-9、图 5-10)。

一个单一空间,不存在内部分隔的问题。但是由于结构和功能的要求,需要设置列柱或夹层时,就要把原来的空间分隔成若干部分。柱子在设置时出于结构的需要,首先应保证结构的合理性,但这样也必然会影响到空间形式的处理和人的感受。为此应当在保证功能和结构合理的前提下,使柱子的设置既有助于空间形式的完整统一,又能用它来丰富空间的层次和变化。列柱的设置会形成一种分隔感,在一个单一的空间中,如果设置了一排列柱,就会无形的把原来的空间划分成为两个部分。柱距越近、柱身越粗,这种分隔感就会越强烈。

图 5-6　三种不同的围透关系示意图,三种围合的程度将给人完全不同的心理感受(芦原义信 绘制)

图 5-7　王澍水岸山居中通过围、透将室外美景引入室内空间,并将室内形成多个通透性空间(李晶涛 拍摄)

图 5-8　王澍水岸山居中通过围、透将室外美景引入室内空间,并将室内形成多个通透性空间(李晶涛 拍摄)

图 5-9　英国伦敦海德公园茶室外观

图 5-10　英国伦敦海德公园茶室外观，通过围、透将室内与室外空间连接，使室内与室外景观交融（伊东丰雄 设计）

▊▊ 第二节　组合空间

上节阐述了单一空间的处理情感表达问题,然而空间艺术的感染力绝不仅限于人们静止的处在某一个固定点上或从某一个单一的空间之内来观赏它,而贯穿于人们从连续行进的过程之中来感受它。所以需越出单体空间的范围,进一步研究两个、三个或更多空间的组合,多空间的复合式组织,要注意处理好空间的动线设计。人在空间中行走、观赏和体验时,由于视觉的连续性对比和视觉残像的原理,随着视点的转移,空间在视觉的延续会影响人对空间形态的感受。所以,合理的动线设计对于空间组织来说极为重要,空间的动线拟定主要可依据以下方面:一是根据空间使用功能来规划和明确动线的走向;二是将动线与原有的建筑空间结构相结合;三是符合人的观赏习惯和心理审美规律;四是把握、协调好整体与局部的关系,处理好主动线和次动线的关系。

多空间组合一般可分为中心组合式、串行组合式、网络组合式、不规则式等。

一、中心组合式

中心组合式是由若干次要的空间形态围绕占主导地位的形态构成。中心形态作为视觉的主体,要求有几何的规则性,如以会所为主题的小区楼盘,以中庭为主的购物商场。由于其集中性,所以这些形式具有向心性(图5-11)。

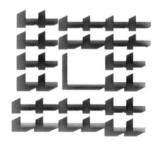

图5-11　中心组合式的两种空间表现形态

二、串行组合式

串行组合式指各单元的功能有差异却无主次的空间关系。公寓楼房常以此为手段进行构建。串行组合空间形态近似，互相不需求秩序关系。从平面的角度看其组合方式多用骨骼变化与基本形态构成。骨骼的形式有线型式、辐射式、网格式或聚散式，进行重复构成或渐变构成，或把基本形态单元作积聚、切割、旋转、移位等变化（图5-12）。

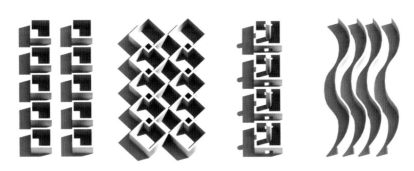

图 5-12　串行组合式的四种空间表现形态

三、网络组合式

网络组合式由多种相同形态的单元空间或形状、大小等共同视觉特点的形态集合在一起构成。根据尺寸、形状或相似性等功能方面的要求去聚集它的形式。网络组合式缺乏中心组合式的内向性和集合规则性，其组合灵活多变，足以适应多种形状、尺寸和方位。网络组合式可以向附属体一样依附于一个大的母体或空间，也可以只用相似性相互联系，使其体积表现为各自个性的统一实体，还可以彼此贯穿合并成一个单独的，具有多种面貌的形式（图5-13、图5-14）。

图 5-13　网络组合式的空间表现形态

图 5-14　安藤忠雄以网络组合式为表现形态的山体景观空间格局（安藤忠雄 设计）

四、不规则式

在后现代设计占据主导地位的今天,空间设计风貌呈多元化形式,其中以解构主义为代表的后现代设计思潮风起云涌(图5-15)。后现代风格强调空间形态具有历史的延续性,但又不拘泥于传统的逻辑思维方式,探索创新造型手法,讲究人情味,常在空间内设置夸张、变形的柱式和断裂的拱券,或把古典构件的抽象形式以新的手法组合在一起,即采用非传统的混合、叠加、错位、裂变等手法和象征、隐喻等手段,以期创造一种溶感性与理性、集传统与现代、汇大众与行家于一体的即"亦此亦彼"的空间环境。

以不规则形态呈现的后现代式的空间组合追求矛盾性、复杂性、无对称、无秩序、流动性等,从而创造出光怪陆离的空间体验(图5-16、图5-17)。正如法国哲学家德勒兹所言"我们今天生活在一个客体支离破碎的时代,那些构筑世界的砖块业已土崩瓦解……我们不再相信什么曾经一度存在过的原始总体性,也不再相信未来的某个时刻有一种终极的总体性在等待着我们"(图5-18、图5-19)。

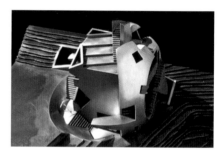

图5-16 追求矛盾性与复杂性空间的建筑作品(艾瑞克·欧文·莫斯 设计)

图5-15 苏联马列维奇的至上主义绘画作品,在不规则的外在形态中包含内在的统一性

图5-17 无秩序、非对称的建筑空间设计作品(摩弗西斯事务所 设计)

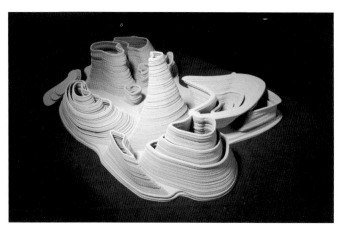

图 5-18　非线性空间实验研究(曹智、李昊天、李宸 设计)

图 5-19　美洲之门酒店四层不规则、无秩序的空间效果(Plasma Studio 设计)

第三节　组合空间的处理手法

上一节叙述了组合空间的分类,以及各种组合形式的特点。本节主要探讨几点多空间组合的处理问题。空间设计的感染力不仅仅局限于人们静止地处在某一个固定点上或从某一个单一的空间之内来观赏它,而贯穿于人们从连续行进的过程之中来感受它。这样我们还必须越出单一空间的范围,进一步研究两个、三个或更多的空间组合所涉及的各种处理问题,这些问题大致归纳为以下方面。

一、空间的渗透与层次

此种空间的处理形式在中国古典园林中得到了充分的体现, 如中国古典园林中的透视墙,在实体墙面按照一定间距开不同造型(梅花形、瓶形、圆形、多边形等)的洞口,将墙外的美景引入墙内,使内外空间彼此渗透、穿插,增加了空间的层次感。另外在室内空间设计中为了增加空间的层次和丰富性,将一大空间使用博古架、屏风、镂空花墙、玻璃隔断等进行分割,这样被分割的空间可以保持一定的联通关系,尤其是视线上的联通,以利于空间的灵活、渗透(图 5-20)。

图 5-20 中国古典园林的空间渗透

图 5-21 王澍水岸山居的过渡性空间

二、空间的衔接与过渡

两个空间如以简单化的方式直接连接,当人们从一个空间进入另一个空间时,常会使人感到单薄或突然。倘若中间穿插一个过渡性的空间如过厅,可以使空间具有抑扬顿挫感。过渡性空间本身没有具体的功能要求,应该小一些、低一些、暗一些,这样才能充分发挥它在空间处理上的作用。使人们从一个大空间走入另一个大空间时必须经历由大到小,再由小到大;由高到低再由低到高;由亮到暗,再由暗到亮等这样一些过程。在具体的建筑空间设计中门廊、雨篷、中庭,还有上文提及的"灰空间"等,都是很好的过渡衔接空间(图 5-21)。

三、空间的重复与再现

类似形态的空间,如连续多次或有规律的重复出现,还可以形成一种韵律节奏感。重复的运用同一种空间形式,但并非以此形成一个统一的大空间,而是与其他形式的空间相互交替、穿插的组合成为整体(如用廊子连接成整体),人们只有在行进的连续过程中,通过回忆才能感受到由于某一形式空间的重复出现或重复与变化的交替出现而产生一种节奏感,这种现象可以称为空间的再现。这种手法可以产生强烈的韵律节奏感(图 5-22)。中国传统建筑空间基本上就是借有限类型的空间形式作为基本单元,一再重复使用,从而获得统一的变化效果,即可以按对称的形式来组合成为整体,又可以按不对称的形式来组合成整体。

图 5-22　蒙特利尔住宅综合体：空间的重复与再现

图 5-23　扎哈·哈迪德建筑中弯曲的墙体对空间的引导与暗示

四、空间的引导与暗示

在多空间的组合关系中，需要对人流加以引导或暗示，从而使人们可以循着一定的途径达到预定的目标。此种方式属于空间处理的范畴，处理得要自然、巧妙、含蓄，能够使人于不经意之中沿着一定的方向或路线从一个空间依次地走向另一个空间。空间的引导与暗示手法在现代展示设计中应用广泛。其处理手法有以下几种途径：

第一，以弯曲的墙面把人流引向某个确定的方向，以暗示另一个空间的存在。这种处理手法是以人的心理特点和人流自然的趋向于曲线形式为依据的。空间中的曲线与曲面的形式，给人带来的心理阻力小并富有运动感。英国建筑师扎哈·哈迪德是运用曲线营造空间的高手，她在中国广州设计的广州歌剧院，内部空间自由流动、变化丰富，墙体、天花完全以曲面形态呈现，将空间的引导与暗示功能做到了极限（图 5-23）。

第二，使用特殊形式的楼梯或特意设置的踏步，暗示出上层空间的存在，楼梯、踏步通常都具有一种引人向上的诱惑力（图 5-24）。

第三，利用天花地面的处理，暗示出前进的方向。通过对天花地面的处理，形成一种具有强烈方向性或连续性的图案，这也会左右人前进的方向。可以将人流引导至某个确定的目标。

图 5-24　扎哈·哈迪德建筑中楼梯与天花对空间的引导与暗示

第四，利用空间的灵活分割，暗示另一空间的存在。只要不使人感到山穷水尽，人们便会抱有某种期望，在此期望的驱使下将可能进一步探索。利用这种心态，有意识地使处于这一空间的人预感到另一空间的存在，则可以把人由此一空间而引导至彼一空间。

五、空间的对比与变化

两个毗邻的空间，如果在某一方面呈现出明显的差异，借这种差异性的对比作用，将可以反衬出各自的特点，从而使人们从这一空间进入另一空间时产生情绪上的突变和快感。空间的差异性和对比作用通常表现在四个方面：

第一，空间的高矮对比：此种空间效果诗人陶渊明在其《桃花源记》一文中早已描述，即从狭小空间进入大空间时，由于体量的对比而给人心理上带来的激动与兴奋。

第二，开敞与封闭的对比：在室内空间中，开敞的空间指围合性不强的空间，如开大量的窗户，使空间感觉开敞、明亮；封闭性空间指少开窗或不开窗，空间给人一种暗淡、沉闷的感觉。当从封闭性空间突然进入开敞性空间时，会使人产生豁然开朗的感觉。

第三，不同形状的对比：不同的空间形态也会产生对比作用，如方与圆、规则与不规则等，这样的空间组合可以达到求得变化和破除单调的作用。

第四，不同方向的对比：抛开后现代建筑不谈，单从传统建筑空间分析，处于结构和功能因素的制约，传统建筑空间多呈矩形平面的长方体，若把这些长方体空间纵横交替地组合在一起，常可借其方向的改变而产生对比作用，利用这种对比作用也有助于破除单调和求得变化。

六、空间的序列与节奏

理解这种空间处理手法应摆脱局部性处理的局限，需要探索一种统摄全局的空间处理，它是统筹、协调并支配前几种手法的手法，是对于整个实体空间（或整体建筑空间）而言的，所以人们不能一眼看到其内部的所有空间格局，而只有在连续行进的过程中，从一个空间到另一个空间才能逐一地看到其各个部分，形成整体印象。沿主要人流路线逐一展开的空间序列必须有起、有伏、有抑、有扬、有一般、有重点、有高潮。高潮在空间的组织中非常重要，首先要把体量大的主体空间安排在突出的位置，其次还要运用空间对比的手法，以较小或较低的次要空间来烘托它、陪衬它，使其能够得到足够的突出，方能成为全局的高潮（图5-25）。

第四节　空间界面设计

　　无论是单一空间还是组合空间都是由不同的界面围合而成,围合空间的界面主要分为水平和垂直两种形式。对其的设计与掌控将直接影响空间的效果。

一、水平界面设计

　　水平界面由空间的顶面和基面构成,顶区别着室外和室内,是人们对室内外感觉判断中最敏感的因素之一。顶的宽度与其到地面的距离之比小于 1 时,引力感强,使人感到压抑;其比值相等时,使人感到亲切;其比值大于 1 时,引力感弱,使人产生空灵、高爽之感。基面是空间限定中最稳定的因素。地面是人类空间活动的基础,是构成空间环境的基本所在,任何空间限定要素都要与地面结合。

二、垂直界面设计

　　垂直的形体通常比水平的形态更为活跃, 它是能限定空间以及提供强烈的围合感的因素。垂直要素可以用来支持一个建筑物楼板和屋顶面,控制建筑物室内外空间环境之间的视觉与空间的连续性。当立面与地面非直角相交时,便构成倾斜面的空间。倾斜,使人产生崇高、敬意之情。两个平行或不平行的立面,向内倾斜时封闭性增强,有庇护感;向外倾斜时,封闭性减弱。垂直界面的设计可用点、线、面的手法加以处理,从而得到不同的空间状态和心理感受(图 5-26)。

图 5-25　广州歌剧院的空间节奏变化

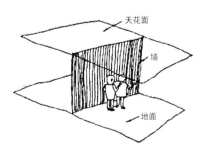

图 5-26　围合空间的两种形式:水平和垂直界面(芦原义信 绘图)

1. 点

纯粹的点构成空间比较困难,很多时候是把它作为点缀的。点的移动形成线,线的移动形成面,面的移动形成体,连续的点会形成类似于线或面的效果。在空间中,点的存在一般需要一定的支撑,如线形悬挂、柱形支撑等。根据排列的方式,构成不同的界面形态。

2. 线

在界面中表现形式多样,有水平线、垂直线、斜线和曲线等,每种线都有自己的个性。垂直线理性,但运用不当会显呆板、生硬。在空间界面的设计上线比点视觉更明确,能提高空间的连续性;比面更开放,具有透明性、穿透力,利于空气流通和扩大视域范围。线还有视觉的诱导性和指向性,可以用静态的方式表现速度感和动态感,在空间中即可以作为骨架结构,又可作为轮廓形态来划分空间关系。

3. 面

面是垂直界面中运用最多的形态元素。面与点线最大的区别是:面的间隔性要比他们强;相反,点、线的空间通透性比面强。在有光的情况下,面可以通过玻璃、薄纱、薄纸等透明材料满足透明性。如在空间中要阻隔噪声、气流需面来完成。面从形态上可分为直面与曲面。直面处理较常见,曲面会给空间带来优美的韵律变化。但若处理不当则现凌乱。

三、空间界面设计应注意以下几点

第一,开口问题,开口可分为窗口和门口,窗口解决空间的视觉联系,门口解决进出空间的流动性。开口的大小、数量、形状、位置会影响空间的采光、通风和视野,而视野的开阔就决定空间的开敞程度。

窗口,在围合空间中,窗口的大小、横竖决定形态的外观,也构成人视线的好坏。大窗比小窗透过视线的范围大,空间的开敞度好;窗口数量多,围合度弱,空间也会随之开敞;窗口的总面积相同,横窗比竖窗开敞性强;靠近地载的低窗比靠近天覆的高窗使空间更开敞,而且有视平面高度的窗口,空间开敞感最强;垂直面上比天覆上的同面积窗口空间开敞感强;转角窗口减弱了连接面之间的联系,但会创造新奇而独特的视觉感;外凸形的窗口比内凹形的窗口视野更开阔。

门口,门的高低大小构成开敞感的变化。门口增多,流动性增强,停留感减弱。如商场多门的设置,以增强消费者的流动,达到促销的作用(图 5-27、图 5-28)。

　　第二,在当代建筑空间设计中,垂直和水平界面正逐渐模糊化,被一种自由的空间界面所代替(图 5-29、图 5-30)。

　　第三,空间界面已突破传统的以实体面为载体的表现形式,将以线、面、几何体块和有机形等多种形态呈现(图 5-31)。

图 5-27　中国美术学院建筑馆中的立面开口(王澍 设计)　图 5-28　中国美术学院建筑馆中的立面开口(王澍 设计)

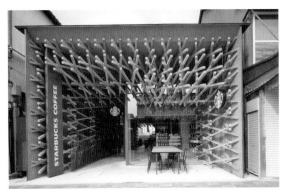

图 5-29　星巴克咖啡店门厅设计　　　　　　图 5-30　拥有模糊空间界面的演绎空间(扎哈·哈迪德 设计)

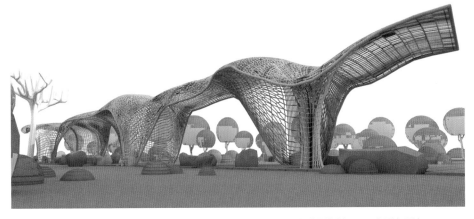

图 5-31　风雨廊,以有机形态呈现的垂直和水平界面交错融合的非传统空间界面(李晶涛 设计)

建议活动

1. 进入不同功能的室内空间体会不同的心理感受。

2. 查找相关案例,根据本节所述分析组合空间的不同组合形式。

3. 搜集非常规界面设计案例。组织讨论当代空间界面设计与传统空间界面设计的异同。

网上查询

单一空间、组合空间的优秀案例,非常规界面设计优秀案例的查询。

课题练习

1. 课题内容

选择一种材质,根据不同的功能进行组合空间构成练习(注重界面形式美感)。

2. 训练目的

通过练习使学生理解根据不同的功能需要将会有不同的空间组合形式的必要性。

3. 课题要求

选择一种材质,根据不同的功能需要构成相应的空间组合形式(如展览空间、居住区环境空间、室内居住空间、演绎空间等)。

4. 完成时间

16 学时 + 课余时间。

5. 产生效果

使学生理解空间的组合形式与功能的关系。

6. 课题提示

注意如何使空间的穿插、组合来满足不同功能需要的空间,例如展览空间一般使用流动式空间等。

第六章
人体工程学与空间设计

章节概述

空间设计要求"以人为本"，就必须了解人体工程学的基本理论，从人的生理学结构与尺度角度思考空间设计的具体问题。人体工程学不仅是观念性的设计理论，也是实践性的设计方法。

教学目的

了解人体工程学的基本理论，掌握人体尺寸与尺寸修正量在空间设计中的应用，树立"以人为本"的空间设计观念。

章节重点

1. 人体尺寸与尺寸修正量及其在空间设计中的应用。

2. 空间尺度的掌握。

第一节 人体工程学与空间设计

人体工程学,又称为人机工程学,或人体工学、人间工学,涉及人与物、人与环境之间的相互作用,是研究人在各种空间环境中,如何提高工作效率、保障人身安全、提供健康和舒适等问题的科学。显然,人、机、环境的相互协调,涉及大到飞机、轮船、火车等机械设备的设计制造和建筑的建造与室内环境的设计布置,小到一个水杯、一个按钮、一支笔等基本生活用具的方便实用,都必须优先考虑人的解剖尺度、生理学规律,考虑人们使用机械设备和在一定环境中的心理感受。

人体工程学起源于欧美工业革命时期,其研究理论和方法在 20 世纪的两次世界大战的军事科技、军事器械制造中最先得到应用。第二次世界大战结束后,人体工程学的研究成果,迅速而广泛地延伸到民用产品的设计制造中。进入后工业时代和信息时代,"以人为本"的设计理念成为广泛的共识,人体工程学在空间技术、工业生产、建筑及室内设计中,具有更大的应用价值。

学习空间设计,需要以人机工程学的原理为指导,重视人、机、环境之间的协调关系,才能实现"安全、舒适、高效"的空间设计要求。

第二节 人体尺寸及空间设计应用

一、人体尺寸与百分位数据

人体尺寸,即人体各部分的尺寸数据。人体尺寸在不同种族或不同时代或不同性别或不同个体或不同姿态或不同年龄阶段或不同健康程度(残疾人)等方面存在较大的差异。通常,根据人在不同的空间环境中坐、立、仰、卧等不同的姿态,人体尺寸可分为结构尺寸(或静态尺寸)和功能尺寸(或动态尺寸),人体尺寸数据的测量主要是针对成年人(图 6-1)。通常我们在进行空间设计时,必须参考这些尺寸数据(图 6-2、图 6-3)。

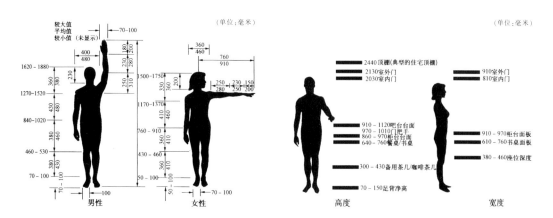

图 6-1 立姿人体尺寸

图 6-2 常用人体尺度

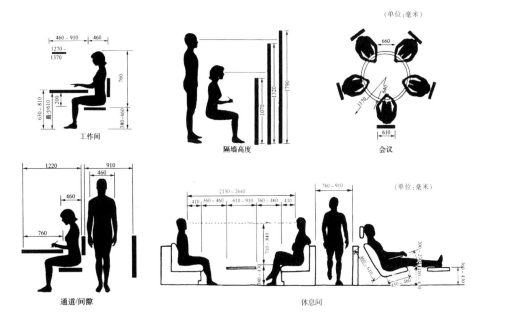

图 6-3 常用办公空间人体尺度

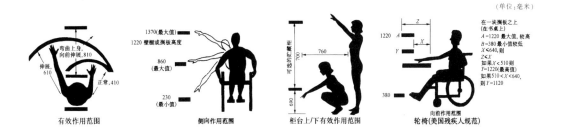

图 6-4 常用功能尺度

功能尺寸,即人体的动态尺寸,指人在进行某种功能活动时测得的尺寸数据,包括由关节的活动、转动所产生的角度与肢体的长度协调产生的范围尺寸,是在静态尺寸的基础上加上穿衣修正量(穿鞋,衣裤,头发等)、姿势修正量的尺寸数据。人多数情况下处于运动状态,因此,在空间设计中,人体的功能尺寸比结构尺寸应用更广泛。

百分位数据,指某一具体人体尺寸和小于该尺寸的人,占统计对象总人数的百分比。由于人的个体差异较大,人体的尺寸数据也有很大的不同。在结构尺寸和功能尺寸中,都是标示在一定百分位下的人体尺寸数据,最常用的百分位数有 5%、50%、95% 等。以人体主要尺寸"身高"为例,第 5 百分位的尺寸为 1583 毫米,表示在统计的对象中只有 5% 的人身高等于或小于 1583 毫米,换言之,表示有 95% 的人高于 1583 毫米;同理,第 95 百分位的尺寸为 1775 毫米,则表示有 95% 的人身高等于或小于 1775 毫米,或表示只有 5% 的人高于 1775 毫米。再如,图 6-4 表示的是手功能操作范围和立姿手功能操作范围的尺寸数据。

在空间设计中,具体采用什么百分位数据,设计师要根据具体情况具体对待。例如,设计门或紧急出口的空间高度,通常会选择第 99 百分位数据,以保障 99% 的人不会有碰头的危险;如果选择第 50 百分位数据,门尺寸将会使 50% 的人有碰头的危险。

二、人体尺寸的修正量与空间设计应用

既然人体尺寸数据是在一定的测量条件(不穿鞋、单薄内衣,身体端正、挺立等)和在一定百分位下的概率统计数据,因此,在具体的空间设计中,必须兼顾人的非标准姿态,高、矮、胖、瘦等个体差异,选取适当百分位的人体尺寸数据,这里有一条最基本原则:"够得着的距离,容得下的空间",满足了最低限度的功能需要。

此外,进行空间设计时,还要考虑人注重美观与舒适度的心理因素,进行一定的功能修正量,才能保证空间设计真正符合人体工程学的基本要求,获得相对完美的空间设计尺寸。

通常人体尺寸的修正量包括功能修正量和心理修正量。

尺寸修正量 = 功能修正量 + 心理修正量

= (穿衣修正量 + 姿势修正量 + 操作修正量) + 心理修正量。

功能修正量,指为实现某种功能,对所依据的人体尺寸所作的修正,包含以下 3 个方面:①穿着修正量。人在直立时,身高、眼高、肩高、肘高、手功能高等人体尺寸需要增加穿鞋修正

量,一般男性为 +25 毫米、女性为 +20 毫米;坐姿时,需要增加着衣修正量,坐高、眼高、肩高、肘高等人体尺寸着衣修正量为 +6 毫米,肩宽、臀宽等为 +13 毫米,胸宽为 +18 毫米,臀膝距为 +20 毫米,等等。②姿势修正量:人在正常工作、生活时不同于人体测量时的姿势,而是处在相对放松的状态,也要考虑姿势引起的人体尺寸变化,一般立姿:身高、眼高、肩高、肘高等人体姿势修正量为 –10 毫米,坐姿:身高、眼高、肩高、肘高等人体姿态修正量为 –14 毫米。③操作修正量。人在实施功能操作时,如上肢前展操作,"前展长"(后背到中指指尖的距离),在按按钮时操作修正量为 –12 毫米,在推滑板推钮、扳开关时为 –25 毫米,在取卡片、票证时为 –20 毫米等。对于"操作修正量",通常需要设计师根据实际操作情况,通过实测加以确定。

心理修正量,是指为了消除空间压抑感、恐惧感或为了舒适、美观等心理因素而增加或减少的人体尺寸修正量。心理修正量往往根据实际需要和条件许可两个因素来确定。例如:设计机械驾驶室、岗亭、坦克舱、客舱、学生宿舍、礼堂、剧院等内部空间时,根据心理需要可适当增加或减少一定的空间尺寸。

心理修正量通常是设置场景和组织一定人员进行测试,记录被试者的主观评价,最后综合分析、统计而获得的。例如,设计较低平台(3 米～5 米)护栏高度,一般只要略高于人们重心就能有效防止人员的坠落;但设计更高平台的护栏,因为人的恐惧心理,容易出现脚下发软,掌心和腋下出冷汗的现象,有必要适当增加护栏高度,增加的高度就是心理修正量。

第三节　空间尺度

一、家居空间设计

家居空间尺度是根据家庭生活各个功能空间尺度,考虑空间围合结构的特点以及建筑技术要求综合确定的。各个功能空间尺度是由三个部分组成的:

一是根据居住行为所确定的人体活动空间尺度;二是根据居住标准所确定的家具设备的空间尺度;三是根据居住者的行为心理要求所确定的知觉空间尺度。家庭生活的功能空间主要是餐厅、起居室、卧室、厨房和卫生间等四部分(图 6–5、图 6–6、图 6–7、图 6–8、图 6–9)。

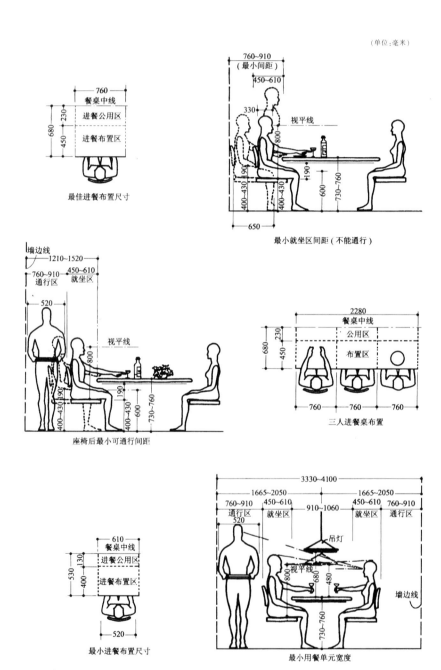

图 6-5　餐厅常用人体尺度

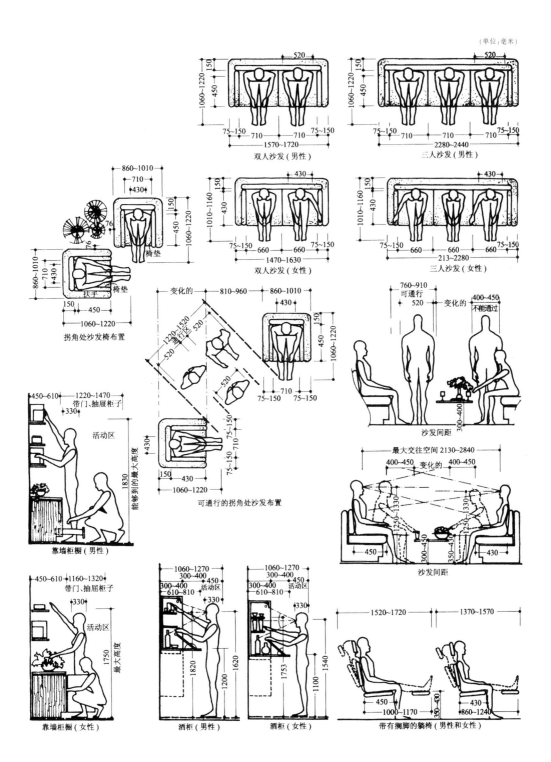

图 6-6 起居室常用人体尺度

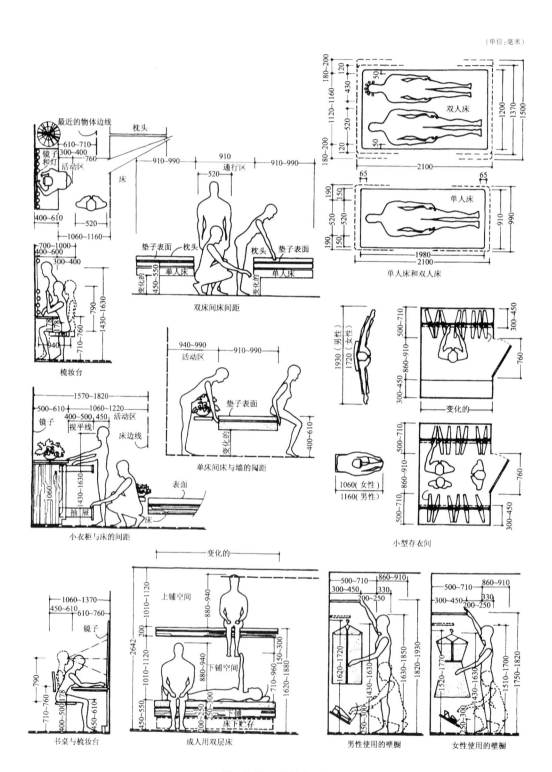

图 6-7　卧室常用人体尺度

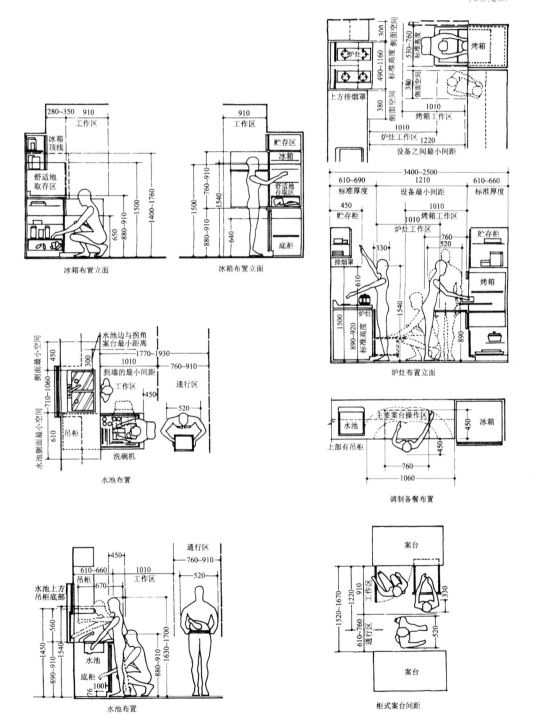

图 6-8　厨房常用人体尺度

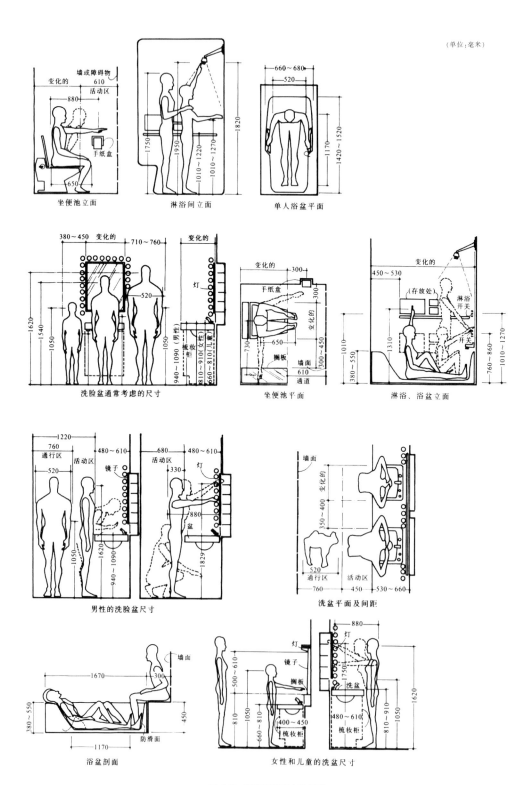

图6-9 卫生间常用人体尺度

二、办公空间设计

办公空间设计是指对布局、格局、空间的物理和心理分割。办公空间设计需要考虑多方面的问题,涉及科学、技术、人文、艺术等诸多因素。办公空间室内设计的最大目标就是要为工作人员创造一个舒适、方便、卫生、安全、高效的工作环境,以便更大限度地提高员工的工作效率(图6-10)。

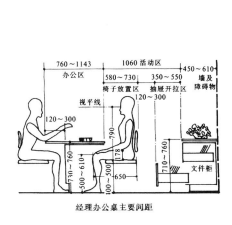

经理办公桌主要间距

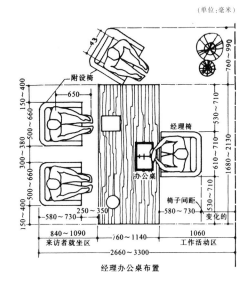

(单位:毫米)

经理办公桌布置

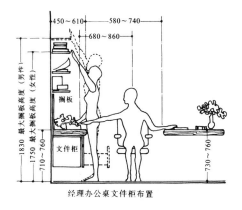

经理办公桌文件柜布置

图6-10 办公空间常用人体尺度

开放式办公室是国外较流行的一种办公形式。其特点是灵活多变。处理的关键是通道的布置。办公单元应该按功能关系进行分组(图6-11)。

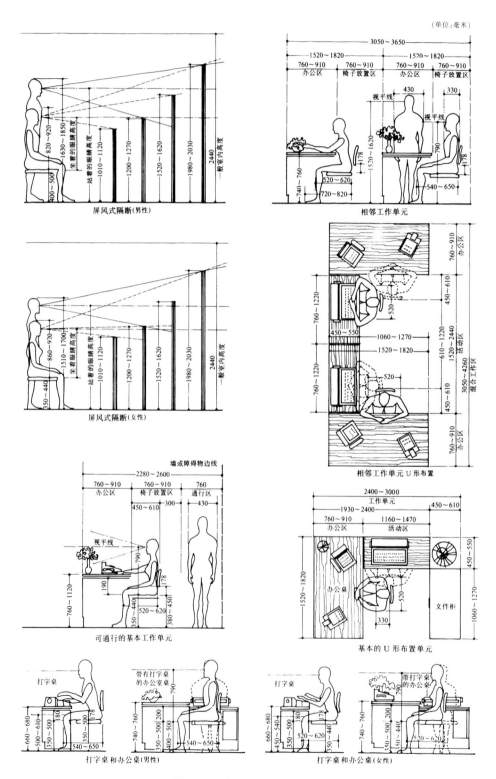

图 6-11 开放式办公空间常用人体尺度

三、酒店门厅空间设计

酒店门厅一般分为交通和接待两大部分。较大型的高级酒店还设有内庭花园及其他服务设施。接待部分主要包括房间登记、出纳、行李房、旅行社等。接待部分的总服务台应该布置在门厅内最显眼的位置,以方便旅客。服务台的长度与面积应按酒店客房数确定。接待区内靠近服务台应设置适当的休息区域,便于旅客休息等候(图6-12)。酒店房间需满足起居、睡眠、书写、更衣等功能。

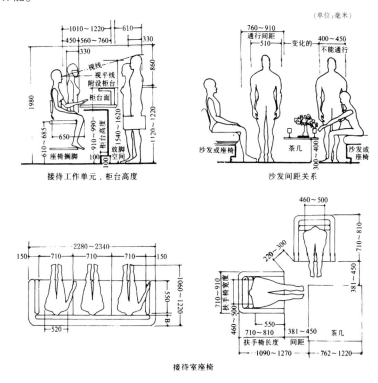

图6-12　酒店门厅常用人体尺度

四、咖啡厅空间设计

咖啡厅内的座位数应与房间大小相适应,并且比例合适。一般的面积与座位的比例关系为1.1平方米~1.7平方米设置一个座位。空间处理应尽量使人感到亲切,一个不大的开敞空间不如分成几个小的空间为好。家具应组合布置,且布置形式应有变化,尽量为顾客创造一些亲切的独立空间(图6-13)。

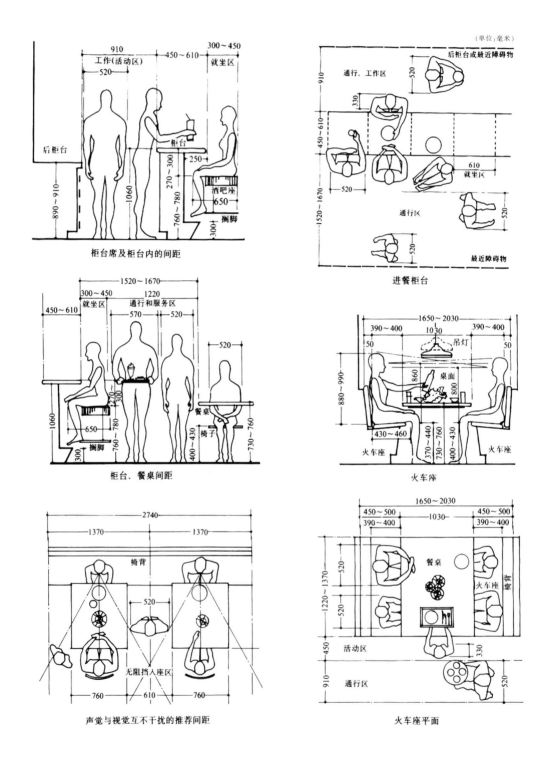

图 6-13　咖啡厅常用人体尺度

五、餐厅空间设计

　　餐厅的入口应宽些,避免人流阻塞。大型的较正式的餐厅可设客人等候席。入口通道应直通柜台或接待台。餐桌形式应根据客人对象而定:以零散客人为主的宜用四人桌,以团体客人为主的可设置六人及六人以上席位。服务台的位置应根据客席布局而定(图6-14)。

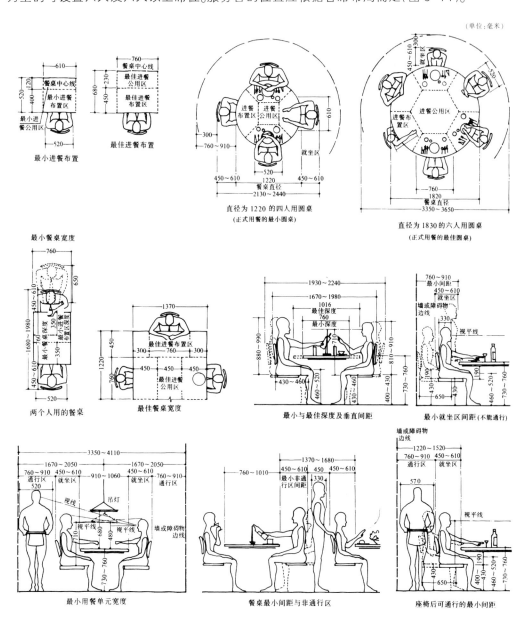

图6-14　餐厅常用人体尺度

建议活动

1. 测量宿舍双层床的尺寸,并计算出更合理的尺寸方案。

2. 用书面形式记录、分析混杂空间、过密空间和舒适空间的心理感受,例如:市场,火车站,咖啡厅等。

课题练习

1. 课题内容

将上课的教室设计改造为居住空间。

2. 训练目的

通过分析、感受教室空间的优、缺点,为自己设计出舒适居住空间。

3. 课题要求

(1)空间以及道具要符合人体工程学并考虑心理修正量。

(2)空间划分合理。

4. 完成时间

24 学时。

5. 产生效果

通过现场空间的操作,教学上可以达到虚讲实做的教学效果,而且可以让学生亲身感受或实地想象自己创作的空间。

6. 课题提示

授课时可以围绕着教室(实际环境),以教室为例子讲解会更加生动以及直观。

第七章
色彩与光效

章节概述

设计空间离不开色彩与光源照明的设计，色彩与光效在空间设计中始终焕发着神奇的魅力。本章节主要围绕空间设计的色彩表现、探讨照明方式和光效对空间的塑造展开。

教学目的

从色彩所拥有的基本特性出发，在知觉色彩中找出色彩的规律性，了解色彩的特点与空间色彩表现的基本原则，掌握光效塑造空间的方法。通过课题练习，实践空间的色彩设计与光效的塑造，以及它们对心理的影响。

章节重点

1. 空间设计的色彩表现原则。
2. 照明的种类与光效对空间的塑造。

第一节　空间设计的色彩表现

一、色彩感觉与空间设计

　　色彩作用于人的眼睛，能引起不同的视觉与心理感受。色彩影响着我们每一个人的心理。通过对于色彩心理的理解与学习，了解色彩的特性，从而设计出符合我们心理的色彩，并让色彩更好地服务于我们的生活。

　　所谓的色彩心理是研究色彩对人类心理反应的心理学的一个部分，色彩心理学可以解答在知觉色彩过程中，对于色彩的认识和摆设进行理性协调的学科。特别是从色彩所拥有的基本特性出发，反映出人类对色彩的感性和美的一面。色彩拥有着变化与自律性，它时刻影响着我们的生活，用科学的方法掌握这样的色彩和对我们心理的影响，可以让我们在很大程度上改变周围的环境，使其越来越美好。具体色彩的特性以及相应的心理感受如下：

　　1. 冷暖感

　　通常蓝色系（蓝色、蓝紫色、蓝绿色等）使人产生凉爽、寒冷、深远、幽静的感觉（图 7-1）；暖色系（红色、黄色、橙色、紫红色、黄绿色等）使人产生温暖、热情、积极、喜悦的感觉（图 7-2）。冷色调运用于室内空间，营造出清新宁静、雅致脱俗的空间气氛，象征着深远、理智和诚实；暖色调运用于室内空间设计，营造出热情友善、温馨柔美的空间感觉，具有温暖、高贵、热情的古典美。

图 7-1　蓝紫色调室内空间设计

图 7-2　黄色调室内空间设计

2. 轻重感

色彩的轻重感主要取决于色彩的明暗程度：明度高感觉轻（图7-3），明度低感觉重（图7-4）。其次取决于色调：暖色调感觉轻，冷色调感觉重。最后取决于纯度：纯度高感觉轻，纯度低感觉重。色彩感因人而异，年龄较大的人喜欢稳重、朴素的色彩；而年龄较小的则喜欢单纯、活泼的色彩。因此，空间设计的色彩表现，还需要考虑不同类别人的色彩喜好。

图7-3 高明度空间设计

图7-4 低明度空间设计

3. 体量感

从体量感的角度，色彩可分为膨胀色和收缩色，膨胀色体量感轻，收缩色体量感重。一般而言，明度高色彩膨胀（图7-5），明度低色彩收缩（图7-6）；纯度高色彩膨胀，纯度低色彩收缩；暖色膨胀，冷色收缩。空间设计需要合理利用色彩的体量感来表现，膨胀色空间表现扩张，收缩色空间表现收缩。

图7-5 高明度具有膨胀感

图7-6 低明度空间产生收缩感

4. 距离感

从距离感的角度,色彩分为前进色和后退色,前进色距离近,后退色距离远。距离感主要取决于纯度:纯度高色彩前进,纯度低色彩后退;其次取决于明度,明度高色彩前进(图7-7),明度低色彩后退;最后取决于色相:暖色前进,冷色后退。在相同的距离时,暖色调的实物感觉近,冷色调的实物感觉远。在空间设计中有效利用色彩的距离感和空间造型,来拉近或推远空间距离。

5. 软硬感

从软硬感的角度,色彩分为软色和硬色,能营造不同的空间氛围。色彩的软硬感主要取决于明度:明度高感觉软,明度低感觉硬;其次取决于色相:暖色感觉软,冷色感觉硬;最后取决于纯度:纯度高感觉软,纯度低感觉硬。针对不同空间的色彩设计,如公共娱乐空间,应使用纯度较高、刺激性较强的色彩,营造出动感、活跃的空间气氛。而私人空间,应使用纯度相对较低,素雅、宁静的色彩,营造出温馨、优雅的室内情调(图7-8)。

图7-7 高明度色彩具有前进感

图7-8 低纯度室内空间设计

6. 动静感

从动静感的角度,色彩分为动感色和宁静色。色彩的动静感主要取决于纯度:纯度高动感强(图7-9),纯度低宁静感强;其次取决于色相:暖色动感强,冷色宁静感强;最后取决于明度:明度高动感强,明度低宁静感强。色彩的明度、纯度、色相和造型都可以影响空间的动与静。一般色彩明度、纯度高,暖色相产生跃动感;色彩明度、纯度低,冷色相使人产生宁静感。

图 7-9　高纯度的色彩运用会产生视觉的跃动感

图 7-10　黄与紫的色彩对比

二、色彩的对比与协调

有很多初学者认为,处理图与底的色彩关系上有冷暖对比关系的色彩会有强烈的对比现象。也就是说,想达到对比强烈的画面效果,我们首先想到的是红色和绿色等对比色的搭配来达到突出主题的目的,但实际运用时却不会出现类似的效果。因为我们色彩搭配时不仅要考虑色相之间的差异,还要考虑色彩明度的原因。可是在一般的情况下我们所看到的环境是上述几种效果共同存在的结果。具体如下:

1. 色彩的对比

所谓色彩对比就是两种或两种以上的色彩放在一起时所出现的色彩感觉。色彩的对比可以使色彩产生相互突出的关系,使色彩主次分明,虚实得当。色彩对比分为色相对比,明度对比和纯度对比;色相对比主要指色彩冷暖色的互补关系(图 7-10),例如:红与绿、黄与紫、蓝与橙;明度对比主要指色彩的明度差别,即深浅对比。纯度对比主要指色彩的饱和度差别,即鲜灰对比。

2. 色彩的协调

所谓的色彩协调就是两种或两种以上的色彩放在一起时的色彩之间或空间与色彩之间的协调程度。色彩的协调可以使色彩相互融合,和谐统一。色彩协调分为色相协调、明度协调和纯度协调:色相协调主要指邻近色的协调(图7–11),如红与橙、橙与黄、黄与绿等;明度协调主要指减少明度差别;纯度协调主要指减少纯度差别。

三、空间设计的色彩表现原则

合理的色彩设计能更好地表现空间效果,改善和调节空间温度、营造空间气氛、美化空间环境。进行空间设计的色彩表现,要求遵行空间的整体性、功能性、情感性等原则。

1. 空间色彩表现的整体性

空间色彩的和谐、统一,意味着空间设计中合理安排色彩的三要素,从而丰富色彩营造的空间气氛,产生整体感。空间色彩的整体性是每一个优秀的设计师都要思考的问题,整体性会给人安全感、舒适感,从心理学的角度来看,空间色彩的整体性设计也让人更容易接受(图7–12)。

图 7-11　橙与黄的协调

图 7-12　和谐、统一的室内色调

2. 空间色彩表现的功能性

空间的色彩表现,需要根据不同空间的使用功能做出相应的变化,如教室、阅览室等公共空间,功能是服务学生学习为主,要营造较好的文化学习氛围,其空间色彩表现就不宜太强烈,一般应选择中性或微冷色相的色彩,纯度不宜太高;又不能太灰暗,多以一般高明度色彩为主。至于公共空间的色彩设计可以采用不同表现形式,适应不同的功能。空间的色彩表现应重视空间的实用功能,这是设计师首要考虑的问题。如家用鞋柜和小卫生间的色彩表现,起居室沙发、坐垫的色彩搭配等。

3. 空间色彩表现的情感性

不同的空间色彩表现,会产生不同的心理感觉。红色会使人刺激和兴奋,也容易使人疲惫和焦虑;黄色,能活跃人的思维,但易造成不稳定和任意行为。黑色,通常在空间设计中用作点缀色,大面积地运用黑色,人们在感情上恐怕难以接受,产生不舒服的感觉;老年人的空间色彩宜采用稳定感的色系,有利于老年人身心健康;青年人的空间色彩可以采用对比度较大的色系,体现青春与活力;儿童的空间色彩可以采用纯度较高的单浅色(图7-13);体弱者可用橘黄,使其心情轻松愉快。

图7-13　儿童空间色彩设计

▦|| 第二节 光效对空间的塑造

所谓的光效,是相对空间环境的采光而言的。它是依据不同建筑室内空间环境中所需的照明度,正确选用照明方式与灯具类型来为人们提供良好的光照条件,使人在室内空间环境中能够获得最佳的视觉效果,同时还能获得某种气氛和意境,增强其室内空间的表现效果以及审美感受的一种设计处理手法。

一、室内照明设计的方法

室内空间需要通过照明设计来满足照明使用功能上的要求和空间氛围的营造。因为有了光,人类才能更有效地感知客观世界,所以照明设计就是人类模仿和控制光,并以最适当的方式将光的机能与目的显示出来,创造出室内气氛的设计。光照的作用对人的视觉功能极为重要。没有光就看不到一切,就室内环境设计而言,光照不仅能够满足人的视觉功能的需要,也是美化环境必不可少的条件。光照可以构成空间,并能起到改善空间、美化空间的作用。光照可以影响物体的视觉大小、形状、质感和色彩,以至影响到环境的艺术效果(图7-14)。

图7-14 游泳池的照明设计

光照可分为直射光、反射光和散射光三种。直射光是指光源直射到工作面上的光。直射光的照度高，电能消耗少，为了避免光线直射人眼产生眩光，通常需要与灯罩相配合，把光集中照射到工作面上。反射光是运用光亮的镀银反射罩作定向照明，是光线受下部不透明或半透明的灯罩的阻挡，光线全部或一部分反射到天棚或墙面，然后再向下反射到工作面。这类光线柔和，视觉舒适，不易产生眩光。散射光是利用磨砂玻璃罩、乳白灯罩、或特制的格栅，使光线形成多方向的漫射，或者是由直射光、反射光混合的光线。漫射光的光质柔和，而且艺术效果佳。室内光主要有自然光照明和人造光照明两种形式。自然光主要以太阳光为主要光源。人造光照明是以各类灯具为主，人造光从它的性能可以分五种形式，直接照明、半直接照明、间接照明、半间接照明和漫射照明（本章节主要讲解人造光）。具体形式如下：

1. 直接照明

光线通过灯具射出，是其中 90%～100% 的光到达工作面上的照明方式。这种照明方式具有强烈的明暗对比，并能造成有趣生动的光影效果，可突出工作面在整个环境中的主导地位，但是由于亮度较高，应防止眩光的产生。直接照明一般运用在凸出某部分或产品时使用，主要运用在展台、博物馆、美术馆、形象墙面等（图 7-15）。运用直接照明时应注意原物体色彩和质感的正确性。

2. 半直接照明

用半透明材料制成的灯罩罩住光源上部，使其中 60%～90% 的光射向工作面，10%～40% 的光经半透明灯罩形成漫射光线的照明方式（图 7-16）。这种照明方式常用于空间较低的房间照明，由于漫射光能照亮平顶，使房间顶部亮度增加，因而能够产生增高空间的效果。

图 7-15　采用直接照明的展台设计　　　　图 7-16　采用半直接照明设计的办公空间

3. 间接照明

将光源遮蔽而产生的间接光的照明方式（图 7-17、图 7-18）。其中 90%～100% 的光通过天棚或墙面反射作用于工作面上，10% 以下的光经直接照射到工作面上。间接照明通常有两种处理方法：一种是将不透明的物体安装在灯光下部，让光线射向平顶或其他物体上反射成间接光线；另一种是灯泡设在灯槽内，光线从平顶反射到室内成间接光线。这种照明方式单独使用时需要注意不透明灯罩下部的浓重阴影。通常和其他照明方式配合使用，才能取得特殊的艺术效果。间接照明也可以说是补助照明。它有放大空间，减轻人从棚面带来的压抑感的作用，会给人带来轻松愉悦的心情。

图 7-17　采用间接照明设计的餐饮空间　　　　　　　　　图 7-18　采用间接照明设计的过厅

4. 半间接照明

把半透明的灯罩装在光源的下部，使 60% 以上的光射向平顶，形成间接光源，10%～40% 的光经灯罩向下扩散的照明方式。这种照明方式能产生较特殊的照明效果，通常用于住宅中的小空间部分，如客厅、过道、衣帽间等。半间接照明是比间接照明更弱的照明，一般在营造空间气氛时使用（图 7-19）。

5. 漫射照明

利用灯具的折射功能来控制眩光，将光线向四周扩散、漫辐射的照明方式。这种照明大体上有两种形式：一种是将光线从灯罩上面射出经平顶反射，两侧从半透明灯罩扩散，下部从格栅扩散；另一种是用半透明灯罩把光线全部封闭而产生漫射。这种照明方式使光线性能柔和，视觉舒适，适于卧室。漫射照明是我们在日常生活中最常用的照明方式，它的主要功能是用漫射的照明方式照亮整个空间,让空间产生较均匀、稳定的光照(图7-20)。

图 7-19　采用半间接照明设计的餐厅　　　　图 7-20　采用漫射照明设计的天花板

　　室内空间照明设计中主要以三种形式来分析光,即主光源、辅助光源和点缀光源。运用这三种照明设计的形式必须与实际空间需求结合,如宾馆大堂、办公室等开放式空间应该以明亮、舒适的光为宜,在选择主光源时应该以直接照明为主;而酒店空间往往需要营造出宁静、轻柔的氛围,主光源照明应该减弱,运用局部照明和点缀光源来营造气氛。照明设计还要注意光的颜色对空间的影响,色彩有冷暖差别,在营造空间氛围时应根据空间的功能需要来设计。

二、室内照明设计的作用

　　室内照明设计不仅可以弥补室内光照不足,营造空间氛围,增添设计情趣,而且能引起我们视觉上的注意和心理上的联想。室内照明设计的作用总体来说主要有以下三点。

1. 创造室内气氛

　　光照的亮度和色彩是决定室内气氛的主要因素,室内气氛也由于不同的光色会有所变化,例如许多餐厅、咖啡馆和娱乐场所常常用中暖色如粉红色、浅紫红色灯光,使整个空间产生温暖、欢乐、活跃的气氛。同时暖色光也会使人的皮肤和面容显得更加美丽动人。由于色彩随着光源的变化出现不同的效果,许多色调在白天阳光照耀下,显得光彩夺目,但夜幕降临,如果没有适当的照明,就可能变得暗淡无光。德国巴斯鲁大学心理学教授马克思·露西亚谈到利用照明时说:"与其利用色彩来创造气氛,不如利用不同程度的照明,效果会更理想。"就像这样,灯光的亮度和色彩都会从不同程度影响我们的身心,合理的光照度和色彩可以很好地营造室内气氛(图 7-21)。

图 7-21 温馨舒适的照明设计

2. 加强空间感和立体感

空间的不同效果,可以通过光的作用充分表现出来。实验证明,室内空间的开敞性与光的亮度成正比。亮的房间感觉要大,暗的房间感觉要小,充满房间的无形漫射光,也使空间有无限的感觉,而直射光可以较好地展现物体的阴影,增强光影对比效果,强化空间的立体感。

利用光的作用,可以加强希望注意的地方。也可以用来削弱不希望被注意的次要地方,从而使空间更有主次。如在展示空间设计中,为了突出新的产品,用亮度较高的重点照明,使空间变得虚实有度;又如在台阶和家具底部采用局部照明,使物体和地面"脱离",形成悬浮的效果,使空间显得空透、轻盈。不同的空间区域采用不同性质的灯光,通过增加照明度,灯光的整体造型都不同程度地加强了空间感和立体感(图 7-22)。合适的光与影也可以体现物体的体积感和质感。这些照明方法应根据物体本身的性质来调整光与影的关系(图 7-23)。

图 7-22 烘托空间层次的照明设计   图 7-23 凸显体积感的照明设计

3. 展现光与影的变换

光和影本身就是一种特殊形式的艺术,当阳光透过树梢,地面洒下一片光斑,疏疏密密,随风变换,这种艺术魅力是难以用语言表达的。如阳光下的粉墙竹影和风雨中摇曳着的路灯的影子,别有一番滋味。自然界的光影由太阳、月亮来实现,而室内空间的光影艺术就要靠设计师来创造。光的形式可以从尖利的小针点到漫无边际的无定形式,应该利用各种照明装置,在恰当的部位,以生动的光影效果来丰富空间,即可以表现光为主,也可以表现影为主,也可以光影同时表现。合理的光源可以很好地体现实物的色彩和质感,运用合理的影也可以很好地体现体积和空间层次感(图 7-24)。

图 7-24 凸显空间感的照明设计

综合上述对光效的学习和理解,可以对有益我们身心的"健康光"定义如下标准:

（1）健康光的概念：健康＋照明＝光健康，光健康包含两个层面：

① 满足使用场所的功能性要求，灯亮不亮、美不美观。

② 满足心理要求，色温、照度对人情绪的影响，如何增添气氛。

（2）选择灯光的质量比选择灯具的造型更重要，健康光有以下五个特征：

① 光线品质高。光线品质差，屏闪情况就严重。

② 照度值适宜。照度值是指光线的照明强度。照度太暗，容易导致近视；太亮，会损害视网膜，还会产生炫光。

③ 正确还原物体颜色。光源对物体的显色能力成为显色性，光源的显色性也是相当重要的，显色性高的光源对颜色的表现较好，所看到的颜色也比较接近自然原色。《建筑照明设计标准》规定，在居室和办公场所，要求灯光的显色性在 80 Ra（太阳光的显色性为 100 Ra）。

④ 色温、色彩应符合美学要求。照明设计中的色温、色彩，如对灯具色彩、背景色彩、空间色彩的考虑都应符合美学要求，符合人的审美习惯。

⑤ 明与暗的合理搭配。光与影的组合可以创造一种舒适和美的光照环境。

建议活动

1. 分析学校食堂室内的色彩搭配，并找出色彩的改善方案。

2. 分析学校食堂室内的灯光布置，并找出灯光的改善方案。

课题练习

1. 课题内容

在上一节课居住空间的基础上运用适当的色彩与光效营造空间气氛（虚拟空间设计）。

2. 训练目的

在上一次空间设计的基础上用色彩与光效的手法，创作出符合那一空间的使用性和满足人的生理和心理需求的空间。

3. 课题要求

（1）空间的色彩搭配应合理。

（2）空间的灯光应达到健康光的标准。

4. 完成时间

12 学时。

第八章
材料表述

章节概述

材料作为空间设计的物质载体具有不可忽视的作用，本章针对不同材质的特性加以分析，并讲述其材料配置的原则。在空间设计中只有充分地了解或掌握材料的性能，按照使用环境条件合理地选择所需材质，充分发挥每一种材料的长处，做到材尽其能、物尽其用，才能满足空间设计的各项要求。

教学目的

掌握材料在空间设计中的运用方法，树立材料思维的意识，熟悉材料的分类、物质特性、视觉效果，且能实现材质的合理配置。

章节重点

材料的特性、材料的配置。

第一节　材料分类与特性

一、材料的分类

材料的分类方式多样,从不同的角度能得出不同的分类结果。

(1)按材料的化学特性可分为:

有机材料:塑料、尼龙、皮革、木材、布匹等。

无机材料:石材、陶瓷、水泥、玻璃等。

金属材料:铜、铝、金、合金等。

复合材料:玻璃钢、夹板、纤维板、橡胶等。

(2)按材料的物理性能可分为:

弹性材料:钢丝、铜片、橡胶。

塑性材料:陶土、水泥、石膏粉。

刚性材料:石材、玻璃、陶瓷。

粘性材料:乳胶、粘接剂。

(3)按材料的人工与自然构成性能可分为:人工材料、天然材料。

(4)按材料的形态可分为:点材、线材、面材、块材等。

二、材料的特性

不同的材料具有不同的视觉特性和物理化学特性,在探寻造型方式时须对材料的特性具有深入的了解。

1. 视觉特性

材料的视觉特性包含:颜色、光泽、透明性、肌理等性状。

颜色:材料对光泽选择吸收的视觉呈现,材料是依据其主导光波长度、亮度、色调、光泽,经眼睛传达给受体的综合信息。不同的颜色给人不同的心理感受,蓝、绿给人宁静、凄凉的感觉;红色、橘色给人热情温暖的感觉。

光泽:材料表面方向性反射光线的性质,材料表面愈光滑,则光泽度愈高,光滑的材料表面能呈现镜面特征,光泽度的不同可改变材料表面的明暗程度,且可扩大视野或营造出不同的虚实变化。

透明度:光线透过材料的程度,材料可分不透明、透明、半透明材料,利用不透明的材料可隔断或调整光线的明暗,营造出特殊的光效,使物象呈现清晰或朦胧的效果。

肌理:在生产加工材料时利用不同工艺将材料的表面做成各种不同的组织如粗糙、细腻、麻点,拉丝等。

质感:材料的表面组织结构、肌理、色彩、光泽、透明度等因素给人一种综合感观,如钢材——坚硬、冰冷,木材——温暖、舒适,呢绒——细腻、柔和,玻璃——光滑、透明等相对应的质感,相同的材料由于其表面处理工艺不同,质感也有所不同,如光面不锈钢和拉丝不锈钢,镜面花岗石面材与剁斧花岗石,相反,不同的材料用相同的表面处理形式,往往也能得到相同或类似的质感。

形状:线材、面材、块材是空间设计的基本材料形状,不同的形状材态表达同一空间形态时,所产生的视觉心理感受也截然不同,线材有直曲的变化,给人以轻巧、运动的空间感与块材所没有的紧张感。面材具有延伸感和充满张力的轻薄感。块材具有形状的封闭性且有一定的体量感,给人以稳定充实的感受。

2. 物理特性

材料物理特性指材料在外力、声波、光照、热辐射等物理条件下所呈现出的特性,也正因为不同材质各异的物理特性才能满足各式空间设计形态结构功能的需要,材料的物理特性重点在于满足三维造型使用功能的需要。

材料的物理特性包含:密度、强度、比重、硬度、孔隙率、吸水率、含水率、导热系数、耐火性、耐久性、易洁性、辐射性等特性。

3. 工艺特性

指材料在成型加工过程中所表现的特性,如可塑性、延展性、柔韧性、弹性、耐磨性等,不同的材料由于工艺特性不同其工艺也各异,选择适合于材料工艺特性的加工方式是空间造型过程的重要环节。

▮▮|| 第二节　空间造型的常用材料

　　空间设计的最终确立需经历形态的构想与创意——材料的物色——成型工艺的选择,这一程序,由此除对形态设计能力的把握外,对各种常用材料性能的掌握和对成型工艺的熟悉尤为重要,否则设计将成为纸上谈兵,不能进入实际的设计和制作流程。

　　设计方案确定后的材料选择必须考虑其诸多的性能,如材料的强度、肌理、色泽、形状可塑造等因素并在材料的性质特征上寻求与之相适应的加工成型工艺,对各种常用材料的熟悉和成型工艺的了解是本节学习的目的。

一、木材

　　木材是天然材料中与人关系最为密切的材料之一,木材用于空间造型已有悠久的历史,它材质轻,强度高,有较强的弹性和韧性,耐冲击和振动,易于加工和表面涂饰,有较好的绝缘体和隔热性;有着独特美丽的纹理,柔软的质感,但由于木材属于有机材料,存在着易变形、开裂、虫蛀、易霉等缺点。此外,由于木材的种类繁多,其特性也存在一定差异,因此在选择木材作为造型材料时要视其具体材料的特性用之(图 8-1)。

斑马纹　　铁刀木　　榆木　　樱桃木　　榉木

沙比利　　黑胡桃　　花梨木　　松木　　橡木

图 8-1　常见木材例

木材可分为硬木和软木两大类。硬木大多是阔叶树类,每年落叶。阔叶树主材通直部分一般较短,大料少,材质硬且直,弧度较大处,纹理自然美观,木纤维短,适用于雕造和细节处理,不易断裂。广泛用于家具制作和室内设计的常见树种有橡木、花梨木、桦木、柚木、椴木、樟木、水曲柳、榆木等。软木多为针叶树种类,树体高大通直,易得大料,处理平顺,材质均匀,木质相对较软,易于加工,因此称为软木。软木密度小、防腐性强,常用于建筑制造,如承重构造,门窗用材等,常见树种有松、彬、柏(图 8-2)。

图 8-2　用于室内墙面的松木装饰

空间设计在造型中除用实木类材料外,还使用一些加工后的木材制品,如有胶和板、纤维板(密度板)、刨花板、木工板等。

二、石材

石材是一种持久不变的材料,质地坚硬,强度、耐水性、耐久性、耐磨性高,使用寿命可达数十年乃至上千年,它所具有的色泽和纹理在空间设计中扮演着极为重要的角色(图 8-3、图 8-4、图 8-5)。石材分天然石材和人工石材。天然石材是从天然岩体中开采出来,经过加工形成的块状或板状材料的名称,人工石材则是以石渣为骨料加入一些化学物在高温高压下合成的板块总称。

图 8-3　室内页岩装饰

图 8-4　建筑外墙花岗石装饰

图 8-5　太湖石景观装饰

　　天然石材按地质形成条件分为火成岩、沉积岩、变质岩三大类,它们具有不同的结构和特性。火成岩是由地壳内部熔岩浆冷却形成,又称之为岩浆岩。如绿钻、蓝钻、金麻花等花岗岩;沉积岩是地表的各种岩石在外力地质作用下经风化、搬运、沉积成岩作用(压固、胶结、重结晶)在地表或地表不太深处形成的岩石,如菱美矿石、煤矿石、石灰岩等;变质岩是由于岩浆在高温、压力等作用下,发生再结晶,使它们的矿物成分、结构、构造以至化学组成发生变化而形成的岩石,如片麻石、大理石、石英石(图8-6)。

人造石指仿天然石材特性制造的人工合成石材,此类石材质感色泽逼真且强度高、耐腐蚀,可根据设计需要制作形材规格的大小,并且较经济。有人造大理石、人造花岗石、人造玉石等品种,但人造石在色泽,质感纹理方面,不如天然石材含蓄、柔和。

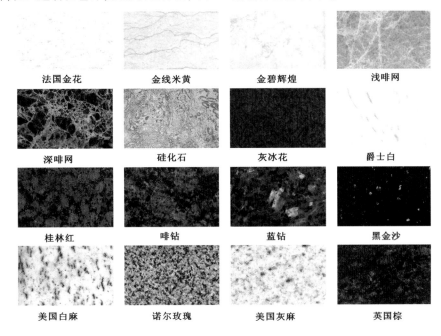

法国金花   金线米黄   金碧辉煌   浅啡网

深啡网   硅化石   灰冰花   爵士白

桂林红   啡钻   蓝钻   黑金沙

美国白麻   诺尔玫瑰   美国灰麻   英国棕

图8-6 常见石材例

三、金属

金属是空间设计必不可少的材料,从空间外墙到门窗栅栏、从成型构造到门环把手,金属材料无所不在。金属材料以它独特的性能:高强度、耐久、厚重、牢固、高雅、光辉、力度,赢得了设计师的青睐。金属材料在空间设计中分结构承重材与饰面材两大类。色泽突出是金属材料的最大特点,钢、不锈钢及铝材具有现代感,而铜材较华丽、优雅,铁则古拙厚重(图8-7、图8-8、图8-9)。

金属品种繁多,按冶金工业分类法可分为黑色金属、有色金属和合金。黑色金属是以铁为基本成分的金属如铁、铬、锰;有色金属的基本成分不是铁,而是其他元素,例如金、银、铂、铜、铝、镁、铅、锌、锡等金属;合金是由两种以上的金属元素,或者金属与非金属元素所组成的具有金属性质的物质,如钢是铁和碳所组成的合金,黄铜是铜和锌的合金。

图 8-7 钢材造型　　　　　　　　　　　　　　　　　　图 8-8 不锈钢造型

图 8-9 不锈钢门头设计

四、混凝土

混凝土是由水泥、沙、石子和水按一定比例混合后经物理化学过程凝结后形成的坚硬的石状体。它是空间设计最常用的材料,混凝土具有良好的可塑性,潮湿泥状的混凝土拌合物可以浇入各种模板,干固定型后获得不同的造型,为增加混凝土的强度,可依据设计需要预先编织钢筋网,然后置入混凝土拌合物,凝固之后,可成为坚固而持久的材料。混凝土最重的材料是水泥,不能单独使用,因它硬化过于迅速,而且容易收缩和开裂。混凝土的硬化过程需吸收一定量的水,如吸水不够,混凝土易开裂。

凝固后的混凝土有着朴素的质感,更多的是作为内部结构的成型材料,作为外露设计的混凝土,也可形成独特的质感,其视觉效果取决于成型时模板的纹理和造型,如采用纹理凸突明显的木质模板,注在里面后的混凝土经干固,拆模后会形成独特的木质肌理。混凝土的这一特性也可成为供设计师运用的装饰元素(图8-10、图8-11)。

图8-10 混凝土现浇建筑 　　　　　　图8-11 混凝土现浇建筑局部

五、陶瓷

陶瓷是由黏土经造型后加以烧制,是陶与瓷的合称,陶烧制的温度较低,烧制的制品的烧结程度相对较低,多孔、吸水率较大,易渗水,强度不高,陶质制品颜色较深,敲击声粗。可分为无釉和施釉两种制品,制作粗陶的黏土一般杂物较多,不施釉,多烧制成砖瓦、陶管、缸之类,精陶是指坯体呈白色或象牙色的多孔性陶瓷制品,多以高岭土、长石、石英为原料,一般为素烧或釉烧,精陶主要用于艺术造型、建筑饰材、日用器具。瓷质制品烧制温度较高,其黏土的杂质少,烧质程度更高,结构紧密,强度高,硬度好,吸水率低,通常施有釉层,瓷质制品有艺术陈设瓷、日用餐茶具、饰面砖块等(图 8–12)。

图 8-12　陶瓷装饰建筑外墙

陶瓷的成型有拉坯、挤捏、盘绕、翻模、注浆等成型方式,陶瓷的表面处理,通过刮、压、印、刻、拍等方式,可制作出各式的肌理,最重要的是在坯体上进行施釉装饰。釉可赋予陶瓷平滑光亮的表面和丰富的色泽,增加陶瓷的美感,保护釉下的装饰纹样,提高陶瓷的强度、抗渗性、耐腐性、抗污性、易洁性等。

六、玻璃

由熔化的二氧化硅和氧化金属混合制成,它在高温的状态下极具延展性,但冷却后则异常坚硬,虽然玻璃有着透明的质感,但却容易破碎。玻璃在1550 ℃~1600 ℃高温下熔融,玻璃在此状态下可以浇制、模制或吹制各种立体造型,经冷却后成为坚硬的固体。玻璃成型常需煤气喷嘴喷射火焰,便于控制玻璃的熔化程度,使之便于成型控制。

玻璃品种繁多,如铅玻璃、磨砂玻璃、浮法玻璃、减反射玻璃、彩色玻璃、压花玻璃、钢化玻璃、夹丝玻璃、夹层玻璃、光栅玻璃、冰花玻璃、空心玻璃砖、玻璃马赛克等。玻璃的用途非常广泛,室内外均有大量使用(图8-13、图8-14)。

图8-13 玻璃砖墙面

图8-14 玻璃球艺术装饰

七、纤维

纤维是空间设计的软性构造材料,形态组成样式主要包括壁挂、软隔断、软雕塑等形式,主要用于空间陈设和界面装饰。这类材质具有质地柔软、色彩丰富、富有弹性和亲和力等特性,其纤维造型也被称为纤维艺术(图 8-15、图 8-16)。

图 8-15 用于空间界面装饰的地毯设计

图 8-16 纤维装置艺术

纤维可分为天然纤维、化学纤维和无机玻璃纤维等,天然纤维包括棉、麻、丝、羊毛和其他的动物毛,各种藤条。棉、麻均属植物纤维,棉织品性柔,质朴,但易破,麻纤维强度相对高,制品耐磨,为改善其性能也有加入化学纤维成为混纺纤维。丝质地滑润、半透明、华丽、柔韧、易着色、色泽光亮柔和。羊毛纤维弹性好,不易变形,耐磨损,不易燃,不易污染,易于清洗,着色性好,色泽鲜艳,耐用,但易虫蛀,价格较高。

化学纤维主要是从石油提取而来的,主要有如下几个品种:尼龙是所有纤维中耐磨性最好,防腐、防虫、易洁,但弹性差,与羊毛混纺可改善其性能;涤纶:耐磨性较好,且耐热,耐晒、防虫,但着色性较差;丙纶:质地轻,弹性好,防蛀,易洁,耐磨性好,生产成本较低;腈纶:蓬松卷曲,较羊毛轻,保暖,弹性好,耐晒、耐磨性差。

八、塑料

塑料是一种新型的人造材料,与传统材料相比较其质轻,防腐,防生虫,隔热,隔声,着色容易,成型加工方便,价廉且品种多样。塑料是一种高分子有机化合物,由树脂、填充料和多种助剂等组成,由于所用的树脂、填充料和助剂的不同,而使塑料种类繁多,性能各异,塑料在一定高温和压力下呈液化状,具有流动性,可塑制成各式造型,且在常温、常压下造型保持不变形,它们可以经模塑、挤压或注塑工艺,生成各种造型或被拉成丝状或塑成膜材(PVC 膜、ETFE 膜)(图 8-17、图 8-18、图 8-19、图 8-20)。

其中,ETFE 膜最大特点是:重量轻、强度高、防火难燃、自洁性好,不受紫外线影响、抗疲劳、耐扭曲、耐老化、使用寿命长。具有高透光率,热吸收量很少。

图 8-17　巴黎德方斯大门

图 8-18　慕尼黑安联足球场

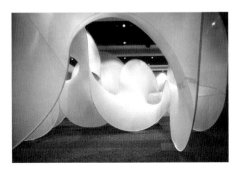

图 8-19　弹力膜结构

图 8-20　展示设计的膜结构

九、涂料

涂料是指涂附于物体表面并能与之相粘接,形成连续性涂膜,从而对造型起到装饰、保护作用,且能使空间造型获得丰富的色彩变化和多样性质感(图 8-21)。人类最早使用的涂料是以天然树脂、植物油脂为材料,如天然大漆、亚麻籽油、核桃油、桐油、松香等,随着现代石油化工的发展,各种合成树脂类油漆应运而生且性能优良,已大量替代了天然树脂、天然植物油,并以人工合成有机溶剂为稀释剂,甚至以水为稀释剂。

涂料的主要成分包括成膜物质(如桐油、亚麻籽油、松香、虫胶、酚醛、醇酸、硝酸纤维等)、颜料、稀释剂、催干剂、固化剂、石料等。涂料分为有机涂料、无机涂料、无机和有机混合涂料。有机涂料又分为溶剂型涂料、水溶性涂料、乳液型涂料。

图 8-21　内墙装饰涂料

第三节　空间设计的材料选择与配置

　　材料是设计的物质载体,离开材料谈设计就如同纸上谈兵,面对庞杂的材料家族,作为设计师应掌握材料的应用搭配规律,从艺术与技术的优化契合来推动空间设计的发展。

一、材料的选择

　　空间的类型多样,不同功能的空间结构,对材料的要求不同,即使是同一类型空间,也会因设计标准的不同而对材料的要求不相同。通常空间设计有高、中档和普通之别,也有永久和临时之分。因此在空间设计中应当按照不同要求合理选材。

　　空间设计的目的是塑造具有视觉美和功能美的空间形态,给人带来精神上的愉悦和功能使用上的方便,材料的质感、色彩、触感、肌理、光泽、耐久性等的合理运用,会在很大程度上影响到空间造型的整体效果,因此在选择材料时,应根据以下几方面综合考量。

1. 功能性

　　空间的类型多样,各部位也存在着不同使用功能,因此设计时对材料的选择也会截然不同,需根据空间部位功能的不同进行选材。基于功能的考量是由材料的特性决定的,如同防水、耐磨、易洁、防潮、防火的功能,材料的各项特性是选材的主要依据。

2. 耐久性

　　耐久性是材料抵抗自身和自然环境双重因素长期破坏作用的能力。即保证其经久耐用的能力。耐久性越好,材料的使用寿命越长。耐久性是材料的一项综合性质,空间设计的选材,耐久是一项重要指标,主要要求色彩、光泽、外形、密度等不发生显著的变化。外部空间选材要经受日晒、雨淋、霜雪、溶蚀、冰冻、腐蚀、风化等侵袭,而内部空间选材则要经受摩擦、潮湿、洗刷、霉变、玷污等作用。

　　对空间选材的耐久性要求,主要包括两方面的性能:物理性能,包括密度、强度、吸水性、耐水性、抗渗性、抗冻性、耐热性、绝热性、绝源性、吸声性、隔音性、光泽度、光吸收性及光反射性等;化学性能,包括耐酸碱、耐侵蚀性、耐污染性、阻燃性、抗风化等。各种材料均各具特性,空间设计时应根据其使用部位及条件进行选择。

3. 经济性

设计项目的预算是选材的一项约束性指标,对材料的选择应有较为准确的定位,应考虑设计标准而进行选材。选材时也应树立总体经济的观念,即不但要考虑到一次投入,同时也应考虑到后期维护费用和使用的年限,有时宁可适当加大一点一次性投资,延长使用年限,从而保证设计整体上的经济性。

4. 环保性

环保性是空间设计选材的重要指标。建筑与装饰材料中的有害成分对人的健康造成的危害常被忽视,如:化工塑胶材料、人工合成板材产生的甲醛、苯等有害气体,石材的放射性污染物浓度水平严重超标会对人体健康带来严重影响。因此,如何选择无污染、绿色环保、可持续、有助于身心健康的材料成为空间设计的重要课题。

目前普遍使用的大多数材料都有不同值数的污染问题。在选材时,树立环保理念,充分注意其有害物质限量,选择符合国标限量标准的材料,防止由于选用有害超标材料导致环境污染,危害人体健康。

5. 审美性

选择材料时,在满足空间的造型和使用功能时,也应充分考虑材料的装饰性,最大限度地表现出所选各种材料的装饰效果,通过合理的搭配,从而营造出空间良好的艺术效果。

二、材料的配置

了解材料的各种性能和选择原则并不困难,因它是一个知识性问题,而难的是在设计中材料之间的配置组合问题,使之相得益彰,这是一个艺术修养经验获得的过程。要营造独具艺术张力和个性化的空间环境,需要若干种不同材料的配搭,切合空间形态把材料本身具有的质感、色彩、肌理、光泽等特性充分地展现出来。不同材料因特性不同将其并置,都会对空间造型产生不同的影响,因而也会形成相对不同的视觉效果和审美性趣。搭配组合时协调好材料的诸多性质,做到对比中求统一,注重整体效果的把握;注意材料的特性与造型风格的结合;注重材料之间的衔接过渡与细部处理。在实际运用中主要从以下几个方面入手:

1. 相同材料的组合

即采用相同材料设置空间。运用相同材料,使用平面与立体、大与小、粗与细、曲与直、纵与横、强与弱、藏与露、色彩对比、质感对比、肌理对比等设计方法,能产生既协调又相互对比烘托的作用,同时也可采用不同的加工工艺获得丰富的层次,从而创造出即协调,又不显得单调的空间。

如运用竹材作墙饰、隔断、顶棚,充满了秩序感,展现了材质的质地美和肌理美,获得质朴的美感,给人很亲切、自然的感觉(图8-22);运用木材来建构空间,可采用形态的秩序化组合以及方向、纹理、工艺的变化来实现组合构成关系(图8-23);运用大面积的玻璃材质形态的重复方式形成幕墙,获得简洁、现代感十足的艺术效果(图8-24)。

图8-22 长城脚下的公社

图8-23 木质界面装饰的室内设计

图8-24 玻璃幕墙建筑

2. 相近材料的组合

即采用质性近似的材料设置空间。因材料质感的相似性,它们的搭配可获得天然的兼容性,使之相得益彰(图8-25)。

如砖与石材的组合,石材与混凝土的组合,它们间没有太大的反差,能形成非常协调的组合关系,在色彩、质感上它们比较深沉、厚重,能体现出某种历史感(图8-26)。例如上海新天地以青砖作为大面积铺装,其中不规则地铺设浅灰色手凿面的花岗岩石材,形成不断变化的节奏感,同时也配有长条状铺设的青砖和石材,形成等宽的深青色和浅灰色的色彩对比,以及不同材质肌理和质感的反差(图 8-27)。

图 8-25 瓦、石构合的景观设计　　　　　图 8-26 砖、石构合的空间

图 8-27 铺装设计

3. 对比材料的组合

在空间设计中将质感差异较大的材料进行组合,会得到别具张力的视觉效果。如将玻璃与石材的组合应用,则会在强烈的对比中使空间形态充满现代气息;如毛面石材与光面金属的搭配,由于凿毛的石材具有表面凹凸变化、质感粗砾及色彩深沉浓重等特点,而金属材料具

有线条感强、质感光滑及耀眼的光泽等特点,因此两者搭配在一起反差非常强烈,给人以强烈的视觉冲击力;又如木材与金属的组合,一软一硬,形成刚柔相济的艺术效果。

对比材料的组合,应以简洁大气为原则,通常情况下确立一种主材另施以一至二种小面积材质进行配搭,尽量在同一界面不要超过三种以上的材料组合,同一个空间上搭配太多种材料,缺乏主调,将给人杂乱无章、繁琐复杂的印象(图8-28)。此外,良好的空间艺术效果,不在于多种材料的堆砌,而在于材料切合空间造型、合理配置及其质感的和谐运用。特别是对那些贵重而富有魅力感的材料,不能滥用,贵在"点睛"之用。

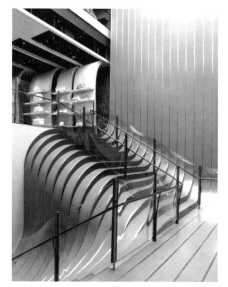

图8-28 店面空间设计

4. 艺术风格的把握

多元化的空间设计风格导致材料运用的迥异,也使材料运用与组合显示出多元化的倾向。现代主义与极少主义,因其设计观点迥异,前者在材质运用上遵循"加法"原则,注重材料多样性的调和性;极少主义则相反,采用"减法"手段,把某一材料自身的特性挖掘放大,注重材料的单体化和特殊肌理造成的艺术效果。

传统风格在材料运用上,充分注意不同材料的特征质感,木质、竹质、纸质等天然、绿色饰材被应用于设计中(图8-29)。

自然风格倡导回归自然,多用木材、织物、石材等天然材料的组合,凸显材料清新淡雅的纹理,表达出简约、清雅、淳朴的风格。

现代风格在材料运用上,摈弃繁琐的装饰造型,多将玻璃、金属、石材、水泥等材料运用于空间造型,注重材料自身质感的显现(图8–30)。

后现代主义风格在材料的选择上,具有很强的自主性,选择的材料既可能是高档豪华的人工材料,也可能是朴实无华的自然材料,还可以是自然材料与合成材料的大混合。

图8-29　传统风格室内设计

图8-30　现代风格室内设计

高技派在材料运用上,充分反映了当代最新工业技术和材料的机械美,着力于科技感强烈的材质和工艺对于空间意境的营造,采用高强铝、钢,复合塑料、膜,玻璃等现代新材料与网架结构的结合(图8–31)。

例如巴黎蓬皮杜国家艺术中心作为"重技派"产物,设计运用了硬铝、高强钢、塑料等各种新材料,创造性地把结构部件、管道处理为空间的一种特别"装饰"。运用现代高强材料,以暴露结

图8-31　钢、玻璃构合的室内设计

构和设备管道以及使用鲜艳的色彩而达到装饰效果的设计,在当今的许多公共空间中都有所体现(图 8-32)。

图 8-32　巴黎蓬皮杜国家艺术中心

5. 材料的创新运用

材料的配置贵在创新,发掘材料的新用法是带有探索性的和试验性的创作过程,创新虽未有成规,但为了便于学习,我们可根据以下几种途径以激发创意:材料它用,尝试把固定用途的材料调换一下位置,如用于地板的材料也可以用于墙面或顶部,用于外墙的材料也可内用;将某种常规材料以全新的工艺(固定方式、表面肌理等)呈现于空间;将非常规的材料应用到空间中,用性质截然不同的材料替代常用材料,如液态、汽态材质作空间界面;改变材料通用的搭配组合方式。

6. 材料质感属性的运用

材料的不同质感对空间环境会产生不同的影响,材质的扩大感、缩小感、冷暖感、进退感,给空间带来空旷、温馨、亲切、舒适、祥和的不同感受,在不同功能的建筑环境设计中,装饰材料质感的组合设计应与空间环境的功能性设计、职能性设计、目的性设计等多重设计结合起来考虑。

总之,不同材料的质感组合对环境整体效果的作用不容忽视,要根据空间的功能、艺术气氛、业主的年龄喜好等来选择组合不同的材料。在空间设计中,从界面到家具、从隔断到陈设,应当是各种材质简约与丰富、质感与品位、实用与个性的相互照应、有机组合,在越来越强调个性化设计的今天,材料的质感表现将成为空间设计中空间材质运用的新焦点。

建议活动

1. 选择某一酒店对其材质运用的品类、配搭加以列表分析。

2. 到建材市场切身考察各种装饰材料的性能、规格、质感、色彩、价格等因素。

课题练习

1. 课题内容

对现代风格的客厅进行材质配搭设计。

2. 训练目的

树立材料思维的意识,研究装饰材料的物质特性、视觉效果、触感及加工工艺。

3. 课题要求

根据使用功能、审美效果、经济因素配搭材质,在有效把握其固有性能和特性的基础上进行创造性的运用,敢于打破固有的用材思路,进而发掘材料更深层次的表现力。

4. 完成时间

12 学时 + 课余时间。

第九章
空间设计的程序与方法

章节概述

研究和分析各类优秀空间设计的具体方法、设计程序以及其独有的特性，开拓设计思维，并掌握一定的创新设计手法，促使设计者提高创新设计的能力。

教学目的

本章节主要讲述空间设计的具体方法、设计原则和设计程序，目的在于加深设计者对空间形态和整合方式的理解，并培养其运用设计原理针对各类空间设计的综合能力，理解并掌握空间设计的方法与技巧，开拓设计思维，增强整体方案的设计和绘图能力，为今后的学习与工作打下良好的基础。

章节重点

空间设计流程、空间的含义呈现，如何合理、准确、有效地对空间进行规划与设计是本章节的重点与难点。

第一节　设计步骤

一、设计准备阶段

1. 前期调研：资料收集整合

调研前的准备：确定设计的调查课题—调查项目—内容确定。

设计之初的首要任务就是要进行大量资料上的收集，并进行归纳整理，提出问题，找到解决问题的方法，并将内容概括化、条理化，需要时可作图文分析，寻找欠缺，进行横向、纵向式的比较，进而提炼设计元素，并加以分析和补充，这样的反复过程会使设计思路在模糊和无从下手当中渐渐地清晰起来。

例如，数码产品专营店的设计，在设计之初首先应了解其专营店的地理状况，交通情况，消费者的消费层次，属于哪一级别的经销商而确定设计的规模、范围；了解公司的人员分配比例、经营理念、品牌优势、消费者的年龄层次等等，大致确定设计的模糊方向；如何发挥现有的优势、如何弥补不利因素、如何合理利用公共设施等；找出存在的问题和解决相关问题的方法。这些在资料收集与分析阶段都应详细地分析与解决，这一阶段还要提出合理的初步设计概念，也就是艺术的表现方式与方法。

2. 方案分析与定位

设计的准备阶段主要是接受委托任务书，签订合同，或依据标书要求进行投标方案设计；明确设计期限并合理地制定出设计计划与进度安排，考虑各有关工种、技术的配合与协调问题。

首先，我们应该认识到空间设计是一种艺术的表现方式，是一种文化的传播与展现，无论在简单的空间设计中还是复杂的空间设计中，都应该遵循艺术表现的一些共性，根据前期已得到的资料，可进行分小组讨论，综合已有信息进行设计理念的定位与设计风格的确定，设计风格与设计理念的确定都应尊重客户的需求。

实地的考察和详细的测量是极其必要的，这在很大程度上决定着方案的分析与定位是否准确，因为图纸的空间想象和实际的空间会有一定的差距，在设计中可以发散思维，但在实际的实施中又要具体推敲。因为任何设计都具有限制因素，如何将理想的设计与实际相结合是这个阶段所要做的。空间设计中只有最合适的设计而没有最完美的设计，一切设计都存在着缺憾,设计的目的就是在各种条条框框的限制条件下通过设计活动来逐步实现,将理想的设计规划从大到小地逐步落实到实际的图纸当中。空间的规划完成后,下一步是具体的方案设计阶段,有了一个良好的开端,下面的工作会变得得心应手。

二、方案设计阶段

进一步整理分析调查所得的资料,内容包括归类、提炼、概括、说明、条理化、图文、表格等。设计过程中要解决的问题有很多,因此应该设定设计要达到的目标,设计项目包括众多的目标,且错综复杂,需分等级:总目标—局部目标—次级目标等。

1. 草图构思

草图构思是一个思维的过程、一个设计的意念和大体的效果,要把概念转化成具体的、实际的形体,结合功能形式表现出来。绘制草图的技巧在于快速、随意、高度抽象地表达出设计理念,当然这要建立在一定的绘画基础之上,需要用工程三视图,无需过多的细节,对于所用的工具、材料以及表现手法也无严格的要求,可以使用单纯的线条或以线面结合的形式,或是稍加明暗、色彩来表达,随各人喜好而定,这有助于加强设计师对空间想象能力与空间效果的感受和表现。设计草图的表现是一种设计语言,通过它能和客户进行直观的交流,还可以结合文字、图形符号、模型制作等来补充说明,在有限的时间里应该多勾多画,尽可能多地提出自己的想法,以便于方案的积累、对比和筛选,为日后的继续发展和修改提供更多的条件。以扎哈·哈迪德设计的广州歌剧院为例进行分析(图9-1)。

图 9-1 草图分析(场地的设计顺应水流方向)

在基础部分完善后,便进入了实质的设计阶段,设计的初始思考过程是围绕设计目标展开的探索性的创造活动,应注意以下几个问题:

(1)要解决功能问题应从平面图入手,明确安排系统的功能分区;

(2)要解决形式风格问题应根据功能系统的构思,大胆地把握形式;

(3)构思应从功能、形式、造价、材料、位置、环境等多角度展开。

2. 设计说明

设计方案经过相关人士的审评,会更清晰,更明了,优势与劣势分明,并应用文字加以完整地说明,进一步表达设计的主导思想。大致包括几点:

(1)设计的工程概况(工程类型、面积、各空间的功能要求等)以及甲方的设计要求;

(2)设计理念(风格等)和设计的目标(你所想达到的空间视觉效果等);

(3)规划及设计手法(按空间结构,功能或者区域划分分层来写);

(4)环境、照明、通风等一些具体问题的设计(按情况可写可不写);

(5)设计总结。

3. 设计分析图

设计分析图的表达是在方案草图的基础上进行整理与调整,将方案用完整图式的形式表现出来,并利用口头和文字两种方式准确表述方案的设计思路。施工图设计阶段需要补充施工所必要的有关图纸,内容大致包括有平面图、立面图、局部大样图、平面功能分区图、人流动线图、空间效果图等。具体如下:

(1)平面图(图9-2)

平面图是建筑物各层的水平剖切图,假想通过一栋房屋的门窗洞口水平剖开(移走房屋的上半部分),将切面以下部分向下投影,所得的水平剖面图,就为平面图。

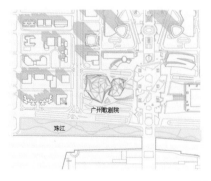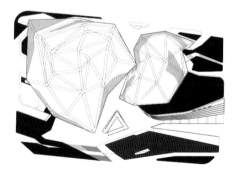

图9-2　平面图

建筑平面图既表示建筑物在水平方向各部分之间的组合关系,又反映各建筑空间与围合它们的垂直构件之间的相关关系。

(2)立面图(图9-3)

一座建筑物是否美观,很大程度上决定于它在主要立面上的艺术处理,包括造型与装修是否优美。在设计阶段中,立面图主要是用来研究这种艺术处理的。在施工图中,它主要反映房屋的外貌和立面装修的做法。

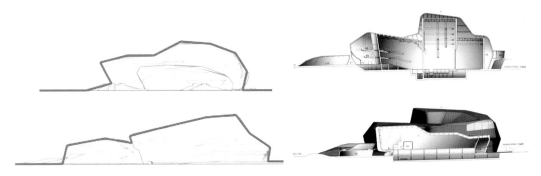

图9-3 立面图

(3)局部大样图(图9-4)

局部大样图是针对某一特定的区域进行特殊性放大标注,较详细地表示出来。某些形状特殊、开孔或连接较复杂的零件或者节点,在整体图中不便表达清楚时,可移出另画大样图。

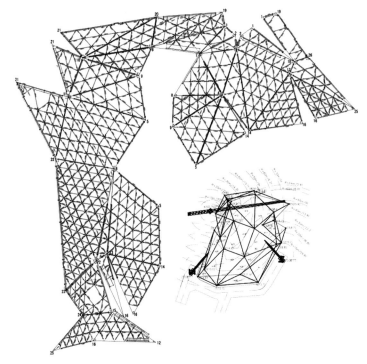

图9-4 局部大样图

（4）平面功能分区图（图9-5）

总平面里各部分的功能示意图，一般可用 CAD 导出，经过 PS 修改的平面彩图，能够很形象地把总平面里各部分的功能给表示出来。

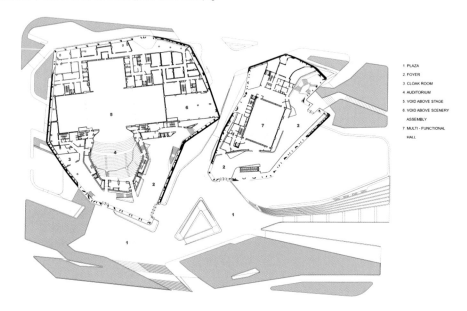

1. PLAZA
2. FOYER
3. CLOAK ROOM
4. AUDITORIUM
5. VOID ABOVE STAGE
6. VOID ABOVE SCENERY
   ASSEMBLY
7. MULTI - FUNCTIONAL
   HALL

图9-5　平面功能分区图

（5）人流动线图（图9-6）

动线指的就是观者在空间中参观游览的路线。一条好的参观路线可以使参观的人群在轻松的环境下和在有效的科学时间内完成整个参观的过程。合理的动线设计在空间设计中显得尤为重要，人在参观的过程中处于运动状态，是在运动中体验并获得最终的空间感受，如何让进到空间的人感到舒适，不易迷路，以此为依据，安排合理的参观流线，使人们尽可能不走或少走重复的路线，尤其是不在重点的展示区域内重复，尽可能在满足功能的同时，让人感受到空间变化的无穷魅力和设计的趣味。

一般来说，参观路线大致上可分为直线路线、环线路线和自由路线三种。

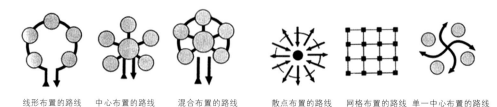

线形布置的路线　　中心布置的路线　　混合布置的路线　　　　散点布置的路线　　网格布置的路线　单一中心布置的路线

图9-6　人流动线图

（6）效果图（图 9-7）

效果图，顾名思义，就是一种效果的表现，设计师一般利用设计软件，如 3D Studio Max、Photoshop 等，制作表现设计项目实现前的一种理想状态下的效果呈现，具有一定的直观性、普遍性。随着设计软件技术的成熟，效果图的制作现如今也越来越多地运用到了空间设计的领域中来。与之相适应的，现代空间设计效果图对美感的要求也越来越高。

图 9-7　效果图

注意：第一，这些设计的实现最终是依靠三维表现图向客户体现的，同时设计师也是通过三维表现图来完善自己的设计的。效果表现图的优劣可以影响方案的成功，但并不会是其决定性的因素，它只是辅助设计的一种手段、方法，千万不能本末倒置过分地突出表现效果，起决定作用的还应该是设计本身。

第二，无论是绘制手绘效果图、电脑效果图或是模型制作，选择透视方式及视角，应注意空间感、光影关系、氛围的表达与表现，做好色彩和质感的处理，细化饰品、植物的表现，等等。

三、细部设计阶段

空间设计具有其独特的特性，设计要营造出合理、舒适、安全、健康的环境空间，以及具有美感与品牌的形象与氛围，设计要有科学、客观、理性的一面，也要有经验、主观、感性的一面，以及这两者之间的融合与平衡。如果设计太偏向于某一面,都会影响设计的效果(图 9-8)。

图 9-8 空间细节图

设计要把所需部分细节相结合,把许多规律性的因素相结合,比如空间组合的规律、比例尺度的规律、色彩的规律、质感的规律等,设计师将这些规律通过组合来完成各种空间的设计。"细节决定成败",在设计中,细部的处理往往决定了设计的档次与品位,也决定着设计的价值,细节也支撑着整个设计作品的完整性。

设计师需要全方位地考虑问题,每个细节要不打折扣地把握好,好的空间设计的完成,需要与客户有良好的沟通、设计师敏锐的思维、优秀的设计施工单位等。

设计师就是要为空间设计出合理有效的使用空间,通过细节设计来扩大它的价值,并让这种设计理念和思想影响到更多的人。

以细节为关键点的深度设计是保证品质的重点,更是创造精品的前提。在空间设计中,建筑外观设计只能给人感观上的影响,而内部空间则直接与人接触,所以划分各空间细节的深度设计尤为重要,例如我们把餐饮空间的内部空间设计比作一间舒适的居室,那么内部的细节也就等同于居室中的家具和装饰。装饰陈设是空间中的重要组成部分,也是对其空间组织的再创造。提高整体空间的文化氛围和艺术感染力,对整个空间设计风格可以起到画龙点睛的作用。

一套完整的设计方案经过相关人员的审评,常见结果如下:

(1)完整地保留方案;

(2)保留方案的主要部分;

(3)几个方案的综合;

(4)方案全部推翻;

方案确定后,就进入对方案的进一步施工阶段。

四、施工图设计阶段

完整的设计应包括可行性的经济计划、总造价、投资组合、资金分配比例等等,是空间设计的重要内容,与技术、艺术、人的需求各因素密不可分,甚至主导着设计趋向。内容如下:

(1)研究分析装饰工程消耗的人工、材料及价格;

(2)探求用最少的人力、物力、财力生产出更多、更好的装饰项目;

(3)与空间设计、施工组织、计划、基本建设、统计、财会等学科有着密切的关系;

(4)总预算书—编制说明—投资分析—费用—综合预算书—装修工程—设备安装—材料—系统概念图等等。

施工图设计是设计的最后一项工作,进入施工图纸制作阶段,应完整地将设计施工图纸制作出来,在各项图纸以及制作过程中应注意调整尺度与形式,选择相应的装饰材料和施工工艺,着重考虑方案实施的可能性、经济性、美观性。材料的选择首要是要屈从于设计预算,没有最好的材料,只有最合适的材料,这是现实的问题,单一的或是复杂的材料是因设计概念而确定的。虽然低廉但合理的材料应用要远远强于豪华材料的堆砌,当然优秀的材料可以更加完美地体现理想的设计效果,但并不等于低预算不能创造合理的设计,关键是如何选择。

工程在施工前,设计人员应向施工单位进行设计意图说明及图纸的技术交底;工程施工期间需按图纸要求核对施工实况,有时还需根据现场实况提出对图纸的局部修改或补充;施工结束时,进行工程验收。

为了取得预期整体的效果,设计人员必须抓好设计阶段的各个环节,充分重视设计流程、施工材料等各个方面,同时协调好各参与人员之间的关系,在设计意图和构思方面取得沟通与共识,以期取得理想的空间设计效果。

施工图纸制作完成后,由设计负责人对设计施工图进行审查和修改,发现问题应及时调整。

五、施工监理阶段

将所有设计图纸交付客户或设计招标评委组,在方案通过后与施工人员进行技术交流,进入装修施工阶段,在装修施工过程中,如有现场施工技术问题,设计师应到工地进行指导和协调。

设计与制作是两个不同的阶段,任何一个设计作品的成立都需要经过这两个阶段。在设计过程中可以是"纸上谈兵"、可以是"天马行空",创造是思维的表现,而制作是创造的物质表现。

然而,相对完善的图纸大多局限于二维空间的表现,在实际制作中,比例尺寸、造型、结构、材料等,往往与实际的空间尺度不符,现场情况会与图纸发生各种矛盾。

因此,设计并未在图纸上就此完结,真正的设计会在制作中继续,制作施工是设计的升华、完善的重要阶段,真正的设计是通过设计师在制作阶段的再创造完成的。

第二节　设计原则

塞维说:"每一个建筑物都会构成两种类型的空间:内部空间,全部由建筑物本身所形成;外部空间,由建筑物和它周围的环境所构成。"人在室内空间或室外空间中,都不会脱离空间而存在;空间、环境与人都是一个不可分离的整体。

优秀的空间设计,在整合时需要注意其构成要点。如果形式太过于单一会显得枯燥乏味,无法吸引人的眼球,也就无法让人驻足而产生活动;可单有步移景异的空间层次变化还是不足以满足人们日益增长的多样化的精神需求。因而,空间设计应始终坚持"以人为本"的设计原则,体现对人的关怀,比如空间的宜人尺度、能否给人带来安全的心理感受;对老人、儿童、残疾人的关注,等等。这里包括其功能和使用、精神和审美的要求以及通过必要的设计手段来满足上述方面的要求,还要结合经济原则。"形式追随功能"这一著名的口号最早由19世纪美国雕塑家霍雷肖·格里诺提出,美国芝加哥学派的代表人路易斯·沙利文首先将其引入建筑和室内设计领域,即建筑设计最重要的是其功能性,再加上合适的形式感,从而达到功能与形式的完美统一。

1. 功能和使用原则

满足人类对舒适、健康、安全、方便、卫生等方面的要求,包括空间的宜人尺度、照明、通风、音响、自来水、排污等方面的内容,这些都属于空间设计的功能层面。设计行为别于纯粹的艺术,就是基于功能原则,任何设计行为都需满足一定的功能,是否能达到这一要求,也是判断设计结果成功与失败的一个先决条件。

元代范德机在《诗法》中曾这样说过:"作诗有四法:起要平直、承要从容、转要变化、合要渊永。"他提出的是有关旧体诗章法结构的术语,即"起承转合"。这一观点同样可以被空间序列组合借用。他们构成了建筑实体与空间环境中有始有终、有变化有高潮的完整空间序列,而所有的所谓章法结构都不是一成不变的,它们不是机械拼凑,也不能截然分开,在实践中往往是彼此包含,相辅相成,灵活多变的。

2. 精神和审美原则

通过空间中形态、尺度、色彩、材质、光线、虚实等表意性的因素,运用审美心理学、环境心理学原理,创造出恰当的风格、氛围,以有限的物质条件创造出无限的精神价值,满足美感以及私密性、领域感等精神、心理需求,提高空间的艺术氛围,以引起观者共鸣。

3. 以人体工程学为研究目标的空间设计

(1)人体尺度:人体的度,即人体在空间内完成各种动作时的活动空间范围,是我们确定相关设计尺寸标准的依据。

(2)空间设计必须要满足人的各种需求,以方便、舒适、科学为目的,须以人体尺度为依据进行设计,结合人体工程学等学科,其目标为:

① 研究人所处的空间环境和人所使用操作的机具如何适于人的要求及数据。

② 研究人体活动与空间条件之间的正确合理关系,以选取最优生活机能效率。

③ 从室内角度而言,通过对生理与心理的正确认识,使空间环境因素和空间道具能充分配合人体活动的需要,进而达到有效提高空间机能的目标。

（3）人体工程学在空间设计中包括两个主要问题：

① 借助人体测量资料以建立"动作空间"的可行标准，作为空间计划和活动设备的根据。

② 凭借运动与感觉、生理和心理方面的研究资料，订立"环境条件"的可靠标准，作为设施设置的根据。

第三节　思维方法

设计思维，广泛地说就是在设计过程中建立在抽象思维和形象思维基础之上的各种思维形式，包括立意、想法、灵感、创意、重大技术决策、指导思想和价值观念等。

空间设计融合了科学与艺术等多门学科，与各学科交织融合，单一的思维模式已经不能满足人们复杂多变的功能和与日俱增的审美需求，培养以感性思维作为主导模式的设计方法，以综合多元的思维渠道进入概念设计，以图形分析的思维方式贯穿于设计的每个阶段，以对比选优的思维过程确定最终的设计结果，应该是科学的设计方法。

设计思维的核心是创造性，它贯穿于整个设计活动的始终。创造的意义在于突破已有事物的约束，以独创性、新颖性的崭新观念或形式体现人类主动地改造客观世界、开拓新的价值体系和生活方式的有目的的活动。

空间设计与人的生活有着紧密的联系，同时空间设计也无时无刻在影响着人类的生活方式，地域性和文化性也是决定空间设计的因素，不同民族文化的差异造就了不同的审美观念，审美观念的形成又是由人的思维方式造成的，这种思维意识也是人区别于动物的基本属性。人类有意识地创造不同的空间形式来满足不同的功能需求，古埃及的金字塔是埃及人民灵魂不灭思想在建筑中的体现；新巴比伦王国的空中花园是国王对王后爱情的体现；古希腊的神庙是希腊人民对神崇拜的体现；中世纪时期的哥特式教堂是对上帝无限敬仰思想在建筑上的体现；在空间设计过程中，人的思维方式不同，结果也必然不同。设计师的不同思维模式和方向，以及对空间的认知度和感知度、环境因素（形、光、色、质等）、行为学和心理学等都对最后设计结果具有能动作用。

　　空间设计的方式主要包括围合、覆盖、突起、下层架空等几种方式,在三维空间的思维模式下设计出公共空间、半公共半私密空间、私密空间等不同的空间形式,从而产生出适合不同人群需要的空间类型。

　　设计的灵感往往出现在转瞬即逝之间,作为一名空间设计者,要具备严格的空间比例概念,进而踏入空间设计领域。当然这种设计方法建立在设计者平时的经验积累上,没有一定的专业积累,最终无法形成完整的形态。这是一个由简到繁,由大到小,由粗到细的过程,通过对空间的反复推敲比较,形成大概的空间划分布局。

　　模型设计法具有前面两种方式所不具有的优势,那就是直观性,通过模型制作,能有一个直观的空间体验。当然空间设计的模型制作不是胡乱建立的,搭建人同样要具备尺度比例的空间概念,把场景按一定的图纸比例缩小,再按照比例尺制作出来才能推敲空间之间的关系,如同搭积木一样,切割出不同大小、形式的空间,然后按照空间的性质进行整合归纳,最终形成设计方案。

　　空间离不开人,人的创造离不开思维。空间设计方法和思维模式在空间设计中一直是我们探讨的问题。人类的认识随着社会的进步不断发展,对感性与理性的认识在实际空间设计过程中逐渐成熟,空间设计的方法也同时日趋丰富,作为一名设计师没有自己独立的思维就不可能设计出具有创意的设计, 离开了思维只具备设计方法的人也只是失去了灵魂的空壳,只有兼具两者才能在空间设计中体现出独具特色的创意。

建议活动

　　1. 注重手绘的训练,在课余空闲时间,尽可能多地进行手绘表达、建筑速写等。

　　2. 熟练掌握设计制图软件,能够准确表达出设计意图。

　　3. 大量浏览资料,做到多听、多看、多想。

课题练习

1. 课题内容

整套设计方案训练。对某商业空间(针对具体课题或者参赛课题)设计过程进行解析。

2. 训练目的

通过此项练习,训练学生空间设计的综合设计分析及表现能力。

3. 课题要求

能够正确、完整地表达出设计意图,并且富有形式美感。

4. 完成时间

48 学时。

5. 产生效果

从前期资料收集、概念分析、初步设计、深入设计、效果图绘制、施工图设计等,训练学生整体设计创造的能力。

6. 课题提示

做设计方案前,都应充分收集、分析资料,找到设计的切入点,提炼设计元素,有计划、有步骤地反复分析,利用计算机辅助设计,逐步实施,这样设计出的绝大部分都会是优秀的作品。

参考文献

[1] 帕特·格思里. 室内设计师便携手册[M]. 北京:中国建筑工业出版社,2002.

[2] 保罗·泽兰斯基,玛丽·帕特·费希尔. 三维创造动力学[M]. 上海:上海人民美术出版社, 2005.

[3] 玛丽·斯图亚特. 美国设计专业基础课目完全教程 [M]. 上海: 上海人民美术出版社, 2009.

[4] 赵殿泽. 构成艺术[M]. 沈阳:辽宁美术出版社,1995.

[5] 彭一刚. 建筑空间组合论[M]. 北京:中国建筑工业出版社,1998.

[6] 刘盛璜. 人体工程学与室内设计[M]. 北京:中国建筑工业出版社,2004.

[7] 王环宇. 力与美的建构[M]. 北京:中国建筑工业出版社,2005.

[8] 满懿. 立体构成[M]. 北京:人民美术出版社,2006.

[9] 田原,杨冬丹. 装饰材料设计与应用[M]. 北京:中国建筑工业出版社,2006.

[10] 肖晟,张华. 现代立体构成与应用[M]. 长沙:湖南人民出版社,2006.

[11] 杨冬江,方晓风. 装饰材料应用与表现力的挖掘 [M]. 北京: 中国建筑工业出版社, 2007.

[12] 张琦曼,郑曙旸. 室内设计资料集[M]. 北京:中国建筑工业出版社,2010.

后记

　　本书立足于空间设计"基础学习与实践应用"这个角度,从对空间设计核心原理的讲解,到空间设计的形态要素、形式美感、构合方法、照明、材质、设计程序与方法以及设计实施等各项内容的综合阐述,采取理论联系实例的讲述方式,使读者在掌握空间设计原理性知识的同时,还对空间设计的实施情况能够有所了解,努力做到易学、易懂。

　　本书参编的团队成员均是高校的专业教师,他们有着丰富的从教与设计实践经验。由华中师范大学美术学院魏勇,孝感学院李中华担任主编,拟定该书的架构与全书的统稿,以及完成部分章节的编写工作;湖北大学李晶涛,华中师范大学唐文,孝感学院金永日,湖北美术馆张茜,韩山师范学院黄兵,信阳师范学院吴晓红,黄冈师范学院邵照坡担任副主编参与编写;黄蓉、李昌浩负责图片资料的整理工作。在此向他们表达诚挚的谢意。

　　本书大量引用了同仁的资料与图片,由于作品和作者较多,难免有部分图片无从查找出处,在此特别向他们表示深深的歉意,并致谢。

　　另外,还要特别感谢丛书主编华中师范大学艺术设计系主任尹继鸣先生为本书提供了非常宝贵的意见和悉心指导。感谢华中师范大学高校教材编辑室刘晓嘉主任、何国梅女士以及责任编辑向力女士为全书的筹备与编辑付出了艰辛的劳动。

　　由于时间仓促、工作繁忙和专业能力所限,对书中可能出现的疏漏和问题,也恳请读者不吝赐教,并争取在今后的编撰工作中加以弥补与改正。

编者

2014 年秋于桂子山